中等职业教育电子类专业系列教材

"十四五"职业教育国家规划教材

电子元器件识别与检测 （第二版）

DIANZI YUANQIJIAN SHIBIE YU JIANCE

主　　编　　倪元兵

副主编　　冯华英　周诗明　张　芳

编　　者　　刘　羽　冉小平　唐小红

　　　　　　蒲　业　张正健　李　磊

主　　审　　白红霞

参与企业　　柏兆电子科技有限公司

重庆大学出版社

内容提要

"电子元器件识别与检测"是电子技术应用专业培养实用型技能人才的核心课程,是现代电子产品制造业一线技术人员的必修课。本书共 10 个项目,主要介绍了万用表的使用、电阻器和电位器的识别与检测、电容器的识别与检测、电感器的识别与检测、半导体二极管的识别与检测、半导体三极管的识别与检测、场效应管的识别与检测、晶闸管的识别与检测、集成电路的识别与检测、其他电子元件的识别与检测。本书以项目为载体,以"任务—活动"形式来编写,注重基本技能训练,内容呈现上以"图、表、文"相结合,使教材更加突出职业教育特色。

本书是中等职业学校电子类专业的基础核心课程教学用书,适合作为企业的培训教材,也可在实用电子专业中作为技能培训教材,同时还可作为相关专业人员的参考用书。

图书在版编目(CIP)数据

电子元器件识别与检测 / 倪元兵主编. --2 版. --
重庆 ：重庆大学出版社,2021.11(2024.8 重印)
中等职业教育电子类专业系列教材
ISBN 978-7-5624-7976-5

Ⅰ.①电… Ⅱ.①倪… Ⅲ.①电子元件—识别—中等
专业学校—教材②电子元件—检测—中等专业学校—教材
Ⅳ.①TN60

中国版本图书馆 CIP 数据核字(2021)第 244988 号

中等职业教育电子类专业系列教材
电子元器件识别与检测
（第二版）
主　编　倪元兵
副主编　冯华英　周诗明　张　芳
策划编辑:王　勇　陈一柳
责任编辑:陈一柳　　版式设计:王　勇
责任校对:邹　忌　　责任印制:赵　晟
＊
重庆大学出版社出版发行
出版人:陈晓阳
社址:重庆市沙坪坝区大学城西路 21 号
邮编:401331
电话:(023) 88617190　88617185(中小学)
传真:(023) 88617186　88617166
网址:http://www.cqup.com.cn
邮箱:fxk@ cqup.com.cn(营销中心)
全国新华书店经销
重庆亘鑫印务有限公司印刷
＊
开本:787mm×1092mm　1/16　印张:13.5　字数:322 千
2014 年 2 月第 1 版　2021 年 11 月第 2 版　2024 年 8 月第 10 次印刷
ISBN 978-7-5624-7976-5　定价:39.00 元

前　言

　　为深入贯彻全国职业大会精神，落实《国家职业教育改革实施方案》，深化教师、教材、教法"三教"改革，其中教材改革要以课程建设为统领，及时将行业的新技术、新工艺、新规范融入教材中去，教材编写必须依据教学标准和课程标准，对接职业标准和岗位需求，编写中充分考虑与"1+X"证书应知应会技能要求相衔接。根据"十四五"规划建议的要求，我们组织专业课教师深入电子生产企业进行调研，通过调研使我们较全面、准确地把握了企业对电子技术应用专业的人才需求，特别是一线技术员、质检员、调试工等技术岗位都要求具有识别电子元器件、熟悉电子检测仪器使用等能力。为了使中职学生适应专业工种多岗变换，具有较好的提升发展，我们结合中职学生认知特点及专业对口升学要求，组织一线骨干教师、企业技术员、行业专家进行多次研讨，围绕课程标准，共同编写了《电子元器件识别与检测》这本教材，它是电子产品生产、维修的入门级教材。

　　本教材采取项目式教学方法编写而成，从电子元器件的种类、特点、功能、参数入手，以实际电子元器件为载体，并以技能训练为主，从而更好地培养学生专业技能。教材紧紧围绕立德树人根本任务，加入名句典例激发学生学习兴趣和爱国情怀，引导学生树立正确的人生观、世界观、价值观。在内容上深入浅出地介绍电阻器、电容器、电感器、二极管、三极管、场效应管、晶闸管、集成电路等电子元器件的识别与检测知识。

　　本教材具有以下突出特点：

　　1.教材配有完整的数字化教学资源，教师通过二维码可获取PPT课件和教学设计。同时，教材也为学习者提供了试题、视频、延伸阅读（工匠故事、劳模典范、课外相关知识）等学习资源，拓宽他们的知识面，提高其学习兴趣，培养其相应的职业素养。

　　2.教材结构上打破学科体系、知识本位的束缚，加强与生产生活紧密联系，突出应用性与实践性，关注相关技术发展。教材内容组织采用图表加文字，元器件识别利用直观标注形式，具有较强的创新性和可读性，能够提高学生的学习兴趣，从而提高学习效果。

　　3.教材编写体例新颖，注重工作过程的学习，贴近生产生活实际，内容上注重实用、够用原则，同时体现新知识、新技术。

　　4.在编写上采用了项目和任务体系，以项目为载体，分任务展示学习活动，通过"记一记""读一读""看一看""学一学"等任务实施，使之学习目标明确。

　　5.以任务实施引路，技能训练为主，将理论与实践有机结合，特别是结合教材内容特点，在技能训练中设计"说一说""做一做""练一练""认一认"等，让学生在"做中学、学中做"，从而提高其技能水平。

6.在评价方式上分为每一任务学习评价和每个项目学习结束后的总体评价,评价工具设计具有可操作性,保证了学生每个项目学习目标达成。

本教材在第一学期使用,教学时数为72学时,各项目参考学时分配如下:

项　目	项目内容	参考学时
项目一	万用表的使用	12
项目二	电阻器和电位器的识别与检测	12
项目三	电容器的识别与检测	6
项目四	电感器的识别与检测	4
项目五	半导体二极管的识别与检测	8
项目六	半导体三极管的识别与检测	8
项目七	场效应管的识别与检测	4
项目八	晶闸管的识别与检测	4
项目九	集成电路的识别与检测	4
项目十	其他电子元件的识别与检测	10

本教材由倪元兵任主编,负责制订编写提纲和编写的组织、讨论与统稿,冯华英、周诗明、张芳任副主编。重庆市黔江区民族职业教育中心刘羽编写项目一、倪元兵编写项目二、冯华英编写项目四、周诗明编写项目五、冉小平编写项目六、唐小红编写项目七、蒲业编写项目八、张正健编写项目九、李磊编写项目十,长沙市望城区职业中等专业学校张芳编写项目三,柏兆电子科技有限公司易齐和李书德参与全书编写讨论,提出了许多编写意见。

本教材由重庆市黔江区民族职业教育中心白红霞校长审稿,并得到了长沙市望城区职业中等专业学校张红元校长等的大力支持,在此一并表示感谢。本教材在编写过程中参考了相关资料,在此向这些资料的作者表示衷心的感谢。

由于编者水平有限,时间仓促,本教材难免有某些缺点和错误,敬请各位读者多提意见和建议,并赐教至 836713704@qq.com。

编　者
2021 年 8 月

配套资源包

Contents 目录

万用表的使用

> 张伟家的电饭煲突然不通电了，而其他电器能正常工作，妈妈问正在读中职电子专业的张伟，是否知道原因？张伟会用什么工具来检测判断找出其中的原因？

> 工欲善其事，必先利其器。
> ——孔子

【知识目标】

● 能说出万用表的功能和种类。
● 能描述指针式万用表和数字式万用表的结构及面板标识。
● 了解万用表测试操作及注意事项。

【技能目标】

● 能根据测试需要合理选择万用表。
● 能根据测试项目合理选择万用表量程。
● 能正确使用万用表检测各种电量参数(如电压、电流等)。

【素养目标】

● 具有自主、自律学习的习惯，注重文明、善于沟通。
● 养成爱惜设施设备的习惯，树立安全意识，规范操作，注重节能环保。

任务一 认识万用表

任务描述

在电工电子技术生产、检测、维修以及日常生活中,经常会使用一种仪表工具——万用表。如何才能选用适合自己实际需要的万用表呢?在选用万用表之前,只有认识了万用表的各种类型、它们的优缺点以及应用领域,才能更好地发挥万用表的功能。

任务分析

万用表在电工电子技术应用中是很重要的一种仪表工具,其种类繁多,外部特征各有不同,本任务就是认识各种类型的万用表,熟悉其优缺点以及实际中的应用。通过对万用表的不同种类、外形结构的认识,在实际应用中灵活地根据需要选用合适的万用表。

任务实施

万用表又称三用表或多用表,可用来测量直流电流、直流电压、交流电压、电阻值等,有的万用表还可以用来测量电容、电感、晶体二极管、三极管的某些参数。现在最流行的万用表有指针式万用表和数字式万用表。

活动 认识各种类型的万用表

读一读 万用表主要由表盘(或显示屏)、转换开关、表笔和测量电路(内部)4 个部分组成。常用万用表种类、特点见表 1-1。

表 1-1 常用万用表的种类、特点

名　称	实物外形	特　点
数字式万用表		数字式万用表精确度高,显示直观清晰,测试功能齐全,便于携带,价格适中
MF47 型指针式万用表		MF47 型指针式万用表是现在最常用的万用表,其体积小,质量轻,便于携带,设计制造精密,测量准确度高,价格便宜且使用寿命长

续表

名　称	实物外形	特　点
500 型指针式万用表		500 型指针式万用表精确度高,测试功能齐全,价格适中,但使用时比 MF47 型万用表复杂
台式万用表		台式万用表精确度高,显示直观清晰,测试功能齐全,适用于科研、制造行业,价格昂贵
数字钳式万用表		数字钳式万用表性能稳定,安全可靠,显示直观清晰,测试功能齐全

技能训练

认一认
指认工作台上各种类型的万用表。

说一说
说出各类型万用表的基本特点,并按要求填入表 1-2 中。

表 1-2　各类型万用表的特点

类　型	特　点
MF47 型指针式万用表	
数字式万用表	
500 型指针式万用表	
台式万用表	
数字钳式万用表	

知识拓展

指针式万用表和数字式万用表的区别

①指针式万用表读取精度较差,但指针摆动的过程比较直观,其摆动速度、幅度有时也能比较客观地反映被测量的大小(如测电视机数据总线(SDL)在传送数据时的轻微抖

动);而数字式万用表精度较高,且读数直接显示为数字,但数字变化的过程看起来很杂乱,不太容易理解。

②指针式万用表内一般有两块电池:一块是低电压的 1.5 V,另一块是高电压的 9 V。其红表笔相对黑表笔来说是正端。数字式万用表则常用一块 9 V 的电池。在电阻挡,指针式万用表的表笔输出电流相对数字式万用表来说要大很多,用 R×1 Ω 挡可使扬声器发出响亮的"哒"声,用 R×10 kΩ 挡甚至可以点亮发光二极管(LED)。

③在电压挡,指针式万用表内阻相对数字式万用表来说比较小,测量精度比较差。某些高电压微电流的场合甚至无法测准,因为其内阻会对被测电路造成影响(如在测电视机显像管的加速级电压时测量值会比实际值低很多)。数字式万用表电压挡的内阻很大,至少在兆欧级,对被测电路影响很小。但极高的输出阻抗使其易受感应电压的影响,在一些电磁干扰比较强的场合测出的数据可能是虚的。

④在大电流高电压的模拟电路测量中适合选用指针式万用表,如电视机、音响功放。在低电压小电流的数字电路测量中适合用数字式万用表,如 BP 机、手机等。

学习评价

从中考
落榜生到
世界冠军

表 1-3　任务一学习评价表

评价项目	评价权重	评价内容		评分标准	自评	互评	师评
学习态度	30%	出勤与纪律	①出勤情况 ②课堂纪律	10 分			
		学习参与度	团结协作、积极发言、认真讨论	10 分			
		任务完成情况	①技能训练任务 ②其他任务	10 分			
专业理论	40%	能说出各种形式万用表的特点	万用表有哪几种	10 分			
			指针式万用表和数字式万用表各有什么特点	30 分			
专业技能	20%	能认识各种形式的万用表	将万用表放在工位上让学生指认	20 分			
职业素养	10%	注重文明、安全、规范操作;善于沟通、爱护财产,注重节能环保		10 分			
综合评价							

任务二　使用指针式万用表

任务描述

指针式万用表是电子产品生产、维修中常见的电子检测仪表,用来检测各种电子元器件性能的好坏,从而充分发挥电子元器件在电子产品中的作用。只有认识、了解了指针式万用表的结构及功能,学会了指针式万用表对各种电量的测量方法以后,才能在以后的实际工作生活中更灵活地运用,为以后的学习和工作打下坚实的基础。

任务分析

指针式万用表的种类很多,本任务主要利用 MF47 型万用表来认识指针式万用表的基本结构。通过具体电量测试学习指针式万用表的基本操作方法及使用注意事项,从而学会正确使用指针式万用表。

任务实施

本次任务主要是对学生进行分组实训,通过项目教学法让学生知道万用表的基本结构、使用方法以及注意事项,使学生学会正确使用 MF47 型指针式万用表。

活动一　指针式万用表的基本结构

看一看　指针式万用表的结构

1.MF47 型万用表的外观

MF47 型万用表是一种灵敏度高、量程多的便携式万用表。MF47 型万用表的外观如图 1-1 所示。

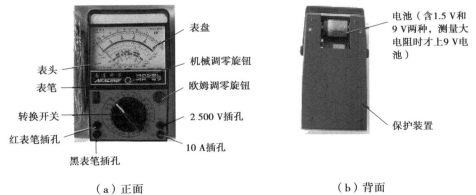

（a）正面　　　　　　　　　　　　　　（b）背面

图 1-1　MF47 型万用表外观

2.MF47 型万用表组成结构

MF47 型万用表组成结构见表 1-4。

表 1-4　MF47 型万用表结构说明

结构名称	说　　明
表　头	表头是万用表的重要组成部分,决定了万用表的灵敏度。表头由表针、磁路系统和偏转系统组成。为了提高测量的灵敏度和便于扩大电流的量程,表头一般都采用内阻较大、灵敏度较高的磁电式直流电流表。另外,表头上还设有机械调零旋钮,用以进行机械调零
表盘	表盘结构如图 1-2 所示
转换开关	转换开关用来选择被测电量的种类和量程(或倍率),是一个多挡位的转换开关。MF47 型万用表的测量项目包括电流、直流电压、交流电压和电阻。每挡又划分为几个不同的量程(或倍率)以供选择
机械调零旋钮和欧姆调零旋钮	机械调零旋钮的作用是调整表针静止时的位置。万用表进行任何测量时,其表针应指在表盘刻度线左端“0”的位置上,如果不在这个位置,可调整该旋钮使其到位 欧姆调零旋钮的作用是,当红、黑两表笔短接时,表针应指在电阻(欧姆)挡刻度线的右端“0”的位置。如果不指在“0”的位置,可调整该旋钮使其到位。需要注意的是,每转换一次电阻挡的量程,都要调整该旋钮,使表针指在“0”的位置上,以减小测量的误差
电池及保护装置	万用表有 1.5 V 和 9 V 电池各一节,但一般只有在测量大电阻时才加 9 V 电池 万用表的保险装置为熔管
表笔及插孔	表笔分为红、黑两支,使用时应将红色表笔插入标有“+”号的插孔中,黑色表笔插入标有“−”号的插孔中 MF47 型万用表还提供 2 500 V 交直流电压扩展插孔以及 5 A 的直流电流扩展插孔;测大电压和电流时分别将红表笔移至对应插孔中即可

3.表盘说明

MF47 型万用表的表盘如图 1-2 所示。

图 1-2　MF47 型万用表表盘

（1）刻度线

表盘由多种刻度线以及带有说明作用的各种符号组成。只有正确理解各种刻度线的读数方法，才能熟练、准确地使用好万用表。表盘刻度线介绍见表1-5。

表1-5 表盘刻度线介绍

功能（被测量）	量 程	标度尺
电阻	R×1 Ω，R×10 Ω，R×100 Ω，R×1 kΩ，R×10 kΩ	第一条刻度线（读数时从右向左读）
交流电压	0~10 V	小电压时（10 V以下）第二条刻度线
直流电流	0~0.05 mA，0~0.5 mA，0~5 mA，0~50 mA，0~500 mA	第三条刻度线（读数时从左向右读）
交（直）流电压	0~0.25 V，0~1 V，0~2.5 V，0~10 V，0~50 V，0~250 V，0~500 V，0~1 000 V	第三条刻度线
电容	0.001~0.3 μF	第四条刻度线
负载电压	0~1.5 V	第五条刻度线
晶体管直流极大倍数	0~300 h_{FE}	第六条刻度线
电池电力	0~3.6 V	第七条刻度线
电感	20~1 000 H	第八条刻度线
音频电平	−10~+22 dB	第九条刻度线

（2）表盘符号

MF47型指针式万用表上有很多符号，各符号的意义见表1-6。

表1-6 表盘各符号的意义

符号	意义	符号	意义	符号	意义
Ω	电阻	~	交流	h_{FE}	晶体管放大倍数
−	直流	≈	交流和直流共用	dB	分贝电平
C	电容	L（V）V	电池电力	BATT	电池

活动二 指针式万用表的使用

学一学 万用表的使用方法

正确使用指针式万用表对万用表的寿命、保养以及安全是很重要的，也对能否正确使用万用表来测量电阻、电压、电流等至关重要。万用表使用方法见表1-7。

MF47型
指针式万用表
的使用

表 1-7 万用表的使用方法

被测量	图 示	说 明
测量前的准备	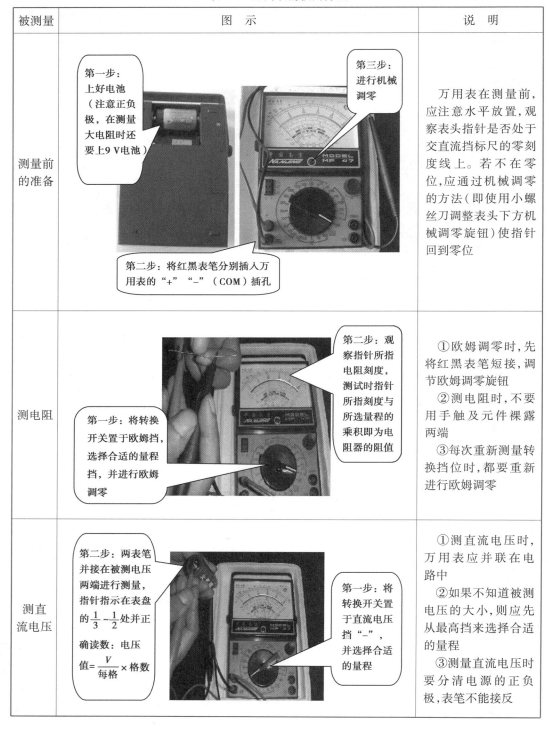第一步：上好电池（注意正负极，在测量大电阻时还要上9 V电池） 第三步：进行机械调零 第二步：将红黑表笔分别插入万用表的"+""−"（COM）插孔	万用表在测量前，应注意水平放置，观察表头指针是否处于交直流挡标尺的零刻度线上。若不在零位,应通过机械调零的方法（即使用小螺丝刀调整表头下方机械调零旋钮）使指针回到零位
测电阻	第二步：观察指针所指电阻刻度，测试时指针所指刻度与所选量程的乘积即为电阻器的阻值 第一步：将转换开关置于欧姆挡,选择合适的量程挡,并进行欧姆调零	①欧姆调零时,先将红黑表笔短接,调节欧姆调零旋钮 ②测电阻时,不要用手触及元件裸露两端 ③每次重新测量转换挡位时,都要重新进行欧姆调零
测直流电压	第二步：两表笔并接在被测电压两端进行测量，指针指示在表盘的 $\frac{1}{3} \sim \frac{1}{2}$ 处并正确读数：电压值 $= \dfrac{V}{每格} \times 格数$ 第一步：将转换开关置于直流电压挡"−",并选择合适的量程	①测直流电压时,万用表应并联在电路中 ②如果不知道被测电压的大小,则应先从最高挡来选择合适的量程 ③测量直流电压时要分清电源的正负极,表笔不能接反

续表

被测量	图　示	说　明
测直流电流	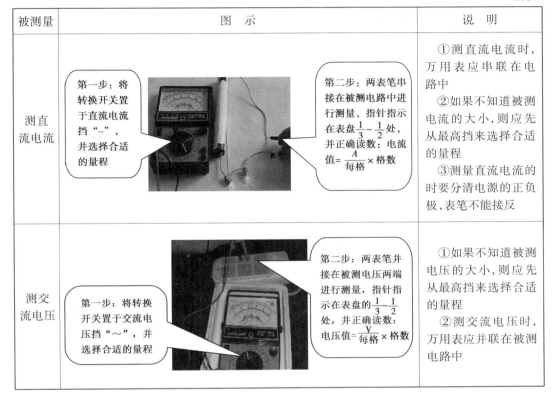第一步：将转换开关置于直流电流挡"—"，并选择合适的量程　　第二步：两表笔串接在被测电路中进行测量，指针指示在表盘 $\frac{1}{3} \sim \frac{1}{2}$ 处，并正确读数：电流值 $= \frac{A}{每格} \times 格数$	①测直流电流时，万用表应串联在电路中 ②如果不知道被测电流的大小，则应先从最高挡来选择合适的量程 ③测量直流电流的时要分清电源的正负极，表笔不能接反
测交流电压	第一步：将转换开关置于交流电压挡"～"，并选择合适的量程　　第二步：两表笔并接在被测电压两端进行测量，指针指示在表盘的 $\frac{1}{3} \sim \frac{1}{2}$ 处，并正确读数：电压值 $= \frac{V}{每格} \times 格数$	①如果不知道被测电压的大小，则应先从最高挡来选择合适的量程 ②测交流电压时，万用表应并联在被测电路中

万用表使用注意事项

①进行测量前，先检查红、黑表笔连接的位置是否正确。红色表笔接到红色接线柱或标有"+"号的插孔内，黑色表笔接到黑色接线柱或标有"—"号的插孔内，不能接反；否则，在测量直流电量时会因正负极的反接而使指针反转，损坏表头部件。

②在表笔连接被测电路之前，一定要查看所选挡位与测量对象是否相符；否则，不仅得不到测量结果，而且还会损坏万用表。一般情况下，万用表损坏就是上述原因造成的。

③测量时，须用右手握住两支表笔，手指不要触及表笔的金属部分和被测元器件。

④测量中若需转换量程，必须在表笔离开电路后才能进行，否则选择开关转动产生的电弧易烧坏选择开关的触点，造成接触不良的事故。

⑤在实际测量中，经常要测量多种电量，每一次测量前要注意根据每次测量任务把选择开关转换到相应的挡位和量程。

⑥万用表测试结束以后，一定要将转换开关置于"OFF"挡或交流电压最大挡。

技能训练

说一说

说出工作台上的 MF47 型指针式万用表的各部分结构以及各结构的作用,并按要求填入表 1-8 中。

表 1-8 MF47 型万用表的结构及作用

序　号	结　　构	作　　用
1		
2		
3		
4		
5		
6		
7		
8		

练一练

选择一些电阻、交直流电源用指针式万用表进行测量,并将测量结果填入表 1-9—表 1-12。

表 1-9 电阻的测量

电阻测量	R_1	R_2	R_3	R_4	R_5
所选量程					
读数值(Ω)					

表 1-10 直流电流的测量

电流测量	I_1	I_2	I_3	I_4	I_5
所选量程					
读数值(mA)					

表 1-11　直流电压的测量

电压测量	U_1	U_2	U_3	U_4	U_5
所选量程					
读数值（V）					

表 1-12　交流电压的测量

电压测量	U_1	U_2	U_3	U_4	U_5
所选量程					
读数值（V）					

子元器件
发展史

知识拓展

指针式万用表的选购

选购指针式万用表主要从 3 个方面考虑：

1.外观和机械性能

首先根据自身需要选择万用表体积的大小，表盘最好是玻璃的，因玻璃透明度很好，并且不易被磨损。在检查机械结构时要注意：

①平衡性。万用表平着放、立着放，指针静止的位置差别越小越好。

②阻尼特性。指针摆动时应平稳、缓慢。

③转换开关旋转时，要清脆有力，定位要准确。

2.万用表的挡位设置

万用表的挡位设置越多，它的功能也越强。一般的万用表都设有欧姆挡、直流电压挡、交流电压挡、直流电流挡及晶体管的放大倍数等。如果万用表设有交流电流挡，说明此万用表性能较好。

3.测试万用表的准确度

测试万用表的准确度时主要是测直流电压低压挡和电阻各挡就能基本判断出万用表的准确程度。其方法是：准备一只 1.5 V 的干电池（事先用标准电压表测出其准确值），然后用欲购万用表的直流电压低压挡（如 2.5 V 挡）测出该节电池的数值。如果所测出数值与事先测出的数值差不多，说明此万用表的直流电压挡准确度高。再准备 3 只精密阻值分别为 100 Ω，10 kΩ，100 kΩ 的电阻器，用此万用表的 R×1 Ω，R×10 Ω 挡测 100 Ω 的电阻器；用 R×100 Ω，R×1 kΩ 挡测 10 kΩ 的电阻器；用 R×10 kΩ 挡测 100 kΩ 的电阻器，如果各挡测出的数值与电阻器的标称值差不多，说明欲购万用表电阻挡准确度高。

学习评价

表 1-13　任务二学习评价表

评价项目	评价权重	评价内容		评分标准	自评	互评	师评
学习态度	20%	出勤与纪律	①出勤情况 ②课堂纪律	10分			
		学习参与度	团结协作、积极发言、认真讨论	5分			
		任务完成情况	①技能训练任务 ②其他任务	5分			
专业理论	25%	指针式万用表的基本结构和指针式万用表的使用方法	指针式万用表结构有哪些	5分			
			使用指针式万用表有哪些注意事项	5分			
			测一电烙铁阻值,选挡与读数应正确	5分			
			测一电池电压,选挡与读数应正确	5分			
			测交流电源电压,选挡与读数应正确	5分			
专业技能	45%	能用万用表测量电阻	①万用表使用正确 ②测试方法正确 ③读数准确	15分			
		能用万用表测量电压	①万用表使用正确 ②测试方法正确 ③准确判断	15分			
		能用万用表测量电流	①万用表使用正确 ②测试方法正确 ③准确判断	15分			
职业素养	10%	注重文明、安全、规范操作;善于沟通、爱护财产,注重节能环保		10分			
综合评价							

任务三 使用数字式万用表

任务描述

在电子产品生产、检测中,有时需要更直观清晰地读出测量数据,这时可以选用数字式万用表。数字式万用表与指针式万用表相比,具有精确度高、显示直观清晰、测试功能齐全、便于携带等优点,最大优点是能直接读出测量数据。通过对数字式万用表的介绍,了解数字式万用表的基本结构、使用方法以及注意事项,使数字式万用表的功能得以更好地利用。

任务分析

本任务是利用 UT-30D 数字式万用表来认识数字式万用表的结构,通过具体电量测试学习数字式万用表的基本操作方法及注意事项,从而学会数字式万用表的使用。

任务实施

通过对数字式万用表实物讲解以及实训操作,掌握数字式万用表的正确使用方法。本任务以 UT-30D 数字式万用表为例进行介绍。

活动一 数字式万用表的结构

看一看 UT-30D 数字万用表外观,如图 1-3 所示。

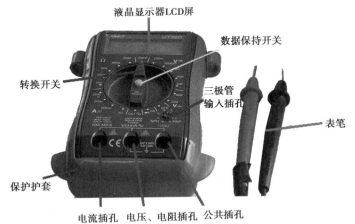

图 1-3 数字万用表外观

读一读 UT-30D 数字万用表面板说明见表 1-14。

表1-14　面板说明

符 号	量 程	作 用
Ω	0~200 Ω, 0~2 000 Ω,0~20 kΩ,0~200 kΩ,0~20 MΩ	测量电阻
V~	0~200 V,0~500 V	测量交流电压
V=	0~200 mV,0~2 000 mV,0~20 V,0~200 V,0~500 V	测量直流电压
A=	0~2 000 μA,0~20 mA,0~200 mA,0~10 A	测量直流电流
h_{FE}	几十到几百	测三极管放大倍数
⊶▷⊢	一般 500~700	判断二极管的正负极,测量二极管正向导通时的管压降

活动二　数字式万用表的使用

学一学　数字式万用表的使用方法见表1-15。

表1-15　数字式万用表的使用方法

被测量	图 示	说 明
测直流电压	第二步：将旋转开关置于直流电压"V–"挡，并选择合适的量程　第三步：红表笔接直流电源正极，黑表笔接负极　第一步：将黑表笔插入COM端口，红表笔插入V插口　第四步：读出LCD显示屏数字	①测直流电压时,万用表应并联在电路中　②如果不知道被测电压的大小,则应先从最高挡来选择合适的量程　③注意直流电源的正负极
测交流电压	第二步：将旋转开关置于交流电压"V~"挡，并选择合适的量程　第四步：读出LCD显示屏数字　第一步：将黑表笔插入COM端口，红表笔插入V端口　第三步：表笔接触交流电源	①测交流电压时,万用表应并联在电路中　②如果不知道被测电压的大小,则应先从最高挡来选择合适的量程　③测交流电压时表笔不分正负极

续表

被测量	图　示	说　明
测直流电流	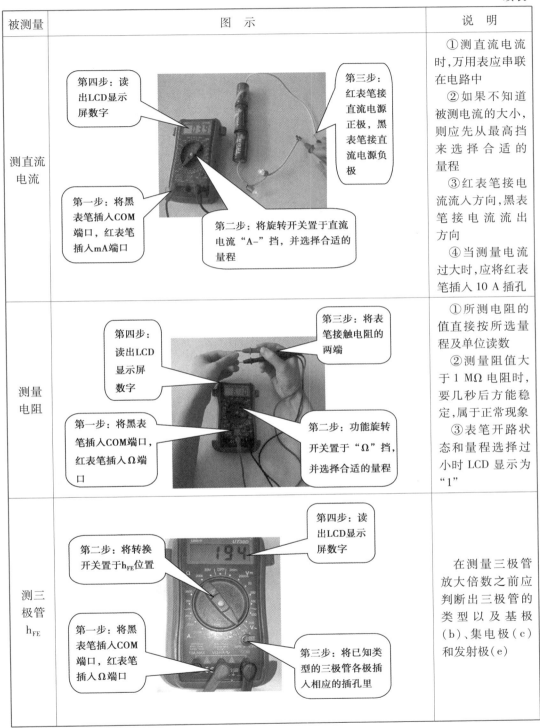第四步：读出LCD显示屏数字 第三步：红表笔接直流电源正极，黑表笔接直流电源负极 第一步：将黑表笔插入COM端口，红表笔插入mA端口 第二步：将旋转开关置于直流电流"A−"挡，并选择合适的量程	①测直流电流时，万用表应串联在电路中 ②如果不知道被测电流的大小，则应先从最高挡来选择合适的量程 ③红表笔接电流流入方向，黑表笔接电流流出方向 ④当测量电流过大时，应将红表笔插入 10 A 插孔
测量电阻	第四步：读出LCD显示屏数字 第三步：将表笔接触电阻的两端 第一步：将黑表笔插入COM端口，红表笔插入Ω端口 第二步：功能旋转开关置于"Ω"挡，并选择合适的量程	①所测电阻的值直接按所选量程及单位读数 ②测量阻值大于 1 MΩ 电阻时，要几秒后方能稳定，属于正常现象 ③表笔开路状态和量程选择过小时 LCD 显示为"1"
测三极管 h_{FE}	第四步：读出LCD显示屏数字 第二步：将转换开关置于h_{FE}位置 第一步：将黑表笔插入COM端口，红表笔插入Ω端口 第三步：将已知类型的三极管各极插入相应的插孔里	在测量三极管放大倍数之前应判断出三极管的类型以及基极（b）、集电极（c）和发射极（e）

续表

被测量	图　　示	说　明
测二极管	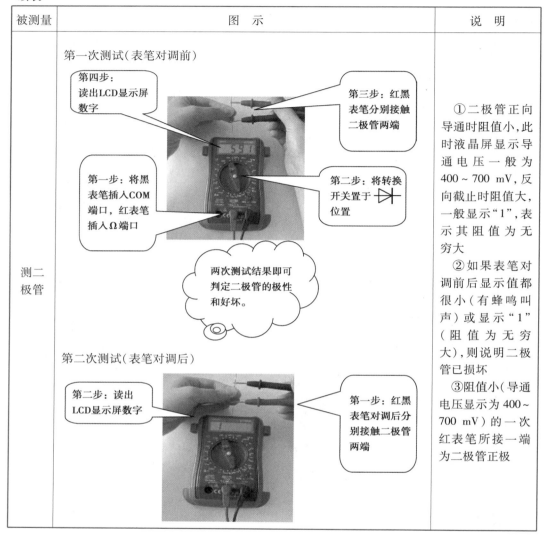 第一次测试（表笔对调前） 第四步：读出LCD显示屏数字 第三步：红黑表笔分别接触二极管两端 第一步：将黑表笔插入COM端口，红表笔插入Ω端口 第二步：将转换开关置于 ▷⊢ 位置 两次测试结果即可判定二极管的极性和好坏。 第二次测试（表笔对调后） 第二步：读出LCD显示屏数字 第一步：红黑表笔对调后分别接触二极管两端	①二极管正向导通时阻值小，此时液晶屏显示导通电压一般为400～700 mV，反向截止时阻值大，一般显示"1"，表示其阻值为无穷大 ②如果表笔对调前后显示值都很小（有蜂鸣叫声）或显示"1"（阻值为无穷大），则说明二极管已损坏 ③阻值小（导通电压显示为400～700 mV）的一次红表笔所接一端为二极管正极

提示

①测量前，先检查红、黑表笔连接的位置是否正确。红色表笔接到标有"V/Ω/mA"的插孔内，黑色表笔接到标有"COM"插孔内。

②在表笔连接被测电路或被测物之前，一定要查看所选挡位与测量对象是否相符。

③测量时，手指不要触及表笔的金属部分和被测元器件。

④测量中若需转换量程，必须在表笔离开被测电路或被测物后才能进行，否则选择开关转动产生的电弧易烧坏选择开关的触点，造成接触不良的事故。

⑤在实际测量中，经常要测量多种电量，每一次测量前要注意根据每次测量任务把选择开关转换到相应的挡位和量程。

⑥显示器只显示"1",表示量程选择偏小,转换开关应置于更高量程。

⑦测量完毕,转换开关应置于"OFF"挡。

技能训练

说一说

说出工作台上 UT-30D 数字式万用表的结构以及各结构的作用,并按要求填入表1-16中。

表 1-16 UT-D30 型数字式万用表的结构及作用

序 号	结 构	作 用
1		
2		
3		
4		
5		
6		
7		

练一练

选择一些电阻、交直流电源用数字式万用表进行测量,并将测量结果填入表1-17—表1-20。

表 1-17 电阻的测量

单个阻值	R_1	R_2	R_3	R_4	R_5
欧姆挡倍率					
读数值(Ω)					

表 1-18 直流电流的测量

电流测量	I_1	I_2	I_3	I_4	I_5
量程					
读数值(mA)					

表 1-19　直流电压的测量

电压测量	U_1	U_2	U_3	U_4	U_5
量程					
读数值（V）					

表 1-20　交流电压的测量

电压测量	U_1	U_2	U_3	U_4	U_5
量程					
读数值（V）					

知识拓展

数字万用表

　　数字万用表经过了漫长的发展历史。早期的数字万用表使用磁石偏转指针的表盘，与经典的电流计相同，现代的数字万用表则采用 LCD 或 VFD（真空荧光显示器，Vacuum Fluorescent Display）提供的数字显示。

　　有的模拟万用表使用真空管来放大输入的信号，这种设计的万用表也被称为真空管伏特计（Vacuum Tube Volt Meters，VTVM）或真空管万用表（Vacuum Tube MultiMeters，VT-MM）。现代万用表已全部数字化，并被专称为数字万用表（Digital MultiMeter，DMM）。在这种设备中，被测量信号被转换成数字电压并被数字的前置放大器放大，然后由数字显示屏直接显示该值，这样就避免了在读数时视差带来的偏差。

　　目前，国产 RIGOL DM3000 是一台高精度数字万用表，它有非常高的精度和准确度，达到 5 位半以上，有更多的测量功能，高速高精度的数据采集，具有集成各种通信接口（见图 1-4）。

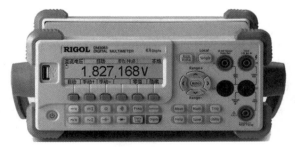

图 1-4　RIGOL DM3000 数字万用表

　　数字万用表测试位数决定了表的精度和价格，一般 3 位半数字万用表的价格小于 50 元，而 6 位半数字万用表的价格大于 2 000 元。

"80 后"造船
工匠张冬伟

学习评价

表 1-21 任务三学习评价表

评价项目	评价权重	评价内容		评分标准	自评	互评	师评
学习态度	20%	出勤与纪律	①出勤情况 ②课堂纪律	10分			
		学习参与度	团结协作、积极发言、认真讨论	5分			
		任务完成情况	①技能训练任务 ②其他任务	5分			
专业理论	10%	数字万用表的结构和数字万用表的使用方法	数字万用表结构有哪些	5分			
			数字万用表有哪些优点	5分			
专业技能	60%	用数字万用表测量电阻	①万用表使用正确 ②测试方法正确 ③读数准确	10分			
		用数字万用表测量电流	①万用表使用正确 ②测试方法正确 ③准确判断	10分			
		用数字万用表测量电压	①万用表使用正确 ②测试方法正确 ③准确判断	10分			
		用数字万用表测量二极管	①万用表使用正确 ②测试方法正确 ③准确判断	10分			
		用数字万用表测量三极管	①万用表使用正确 ②测试方法正确 ③准确判断	10分			
		用数字万用表测量电容	①万用表使用正确 ②测试方法正确 ③准确判断	10分			
职业素养	10%	注重文明、安全、规范操作、善于沟通、爱护财产,注重节能环保		10分			
综合评价							

任务四 使用台式数字万用表

任务描述

在电子产品生产、检测中有时候需要高精度测量数据,这时可以选用台式数字万用表。台式数字万用表与普通万用表相比,具有精确度高、显示符号直观,能自动启动保护装置等优点。本任务通过对台式数字万用表的介绍,了解台式数字万用表的基本结构、使用方法以及注意事项,使台式数字万用表的功能得以更好的使用。

任务分析

本任务是利用 UT-802 台式数字万用表图片及实物来认识台式数字万用表的结构,通过对具体电量测试学习台式数字万用表的基本操作方法及注意事项,从而学会台式数字万用表的使用。

任务实施

通过对台式数字万用表的实物讲解以及实训操作,掌握台式数字万用表的正确使用方法。本任务以 UT-802 台式数字万用表为例进行介绍。

活动一 台式数字万用表的结构

看一看 UT-802 台式数字万用表的外观如图 1-5 所示。

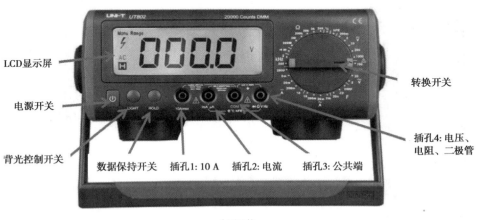

LCD显示屏

电源开关

背光控制开关 数据保持开关 插孔1: 10 A 插孔2: 电流 插孔3: 公共端

转换开关

插孔4: 电压、电阻、二极管

（正面）

输入电源选择开关

电源参数说明　　　　电源适配器输入端

（背面）

图 1-5　台式数字万用表的外观

读一读　UT-802 台式数字万用表 LCD 显示器显示符号说明,见表 1-22。

表 1-22　显示符号说明

显示符号	意义	显示符号	意义
Manu Range	手动量程提示符	🔋	电池欠压提示符
AC	交流测量提示符	H	保持模式提示符
⚡	高压提示符	—	显示负的读数
▸◂	二极管测量提示符	+进数字	测量读数值
Warning	警告提示符	•))	蜂鸣通断测量提示符

台式数字万用表测量的功能,见表 1-23。

表 1-23　测量功能说明

符号	输入插孔 红↔黑	量程	功能说明
Ω	4↔3	0~200 Ω、0~2 000 Ω、0~20 kΩ、0~200 kΩ、0~20 MΩ、0~200 MΩ	测量电阻
V~	4↔3	0~2 V、0~20 V、0~200 V、0~750 V	测量交流电压
V⎓	4↔3	0~200 mV、0~2 V、0~20 V、0~200 V、0~1 000 V	测量直流电压
▸◂	4↔3	一般 500~700	判断二极管的正负极,测量二极管正向导通时的阻值

续表

符号	输入插孔 红↔黑	量程	功能说明
•)))	4↔3		测量蜂鸣器通断
kHz	4↔3	0~2 kHz、0~200 kHz	测量频率
A—	2↔3	0~200 μA、0~2 mA、 0~20 mA、0~200 mA。	测量直流电流（单位：μA/mA）
	1↔3	0~10 A	测量直流电流（单位：A）
A～	2↔3	0~2 mA、0~20 mA、0~200 mA。	测量交流电流（单位：mA）
	1↔3	0~10 A	测量交流电流（单位：A）
hFE	4↔2 （用转接插头座）	几十到几百	测量三极管放大倍数
℃	4↔2 （用转接插头座）		测量温度
F	4↔2 （用转接插头座）	0~20 nF、0~2 μF、0~200 μF	测量电容

活动二 台式数字万用表的使用

学一学 台式数字万用表的使用方法见表1-24—表1-28。

UT802 台式
数字万用表
的使用

表1-24 测量电阻

操作步骤	操作图示	操作要点	操作(或测量)结果
（1）准备工作		①调整台式数字万用表支架，使其正面水平放置 ②正确连接表笔 ③打开电源开关 ④打开背光控制开关（根据光线需要）	准备待用

操作步骤	操作图示	操作要点	操作（或测量）结果
（2）选择挡位量程	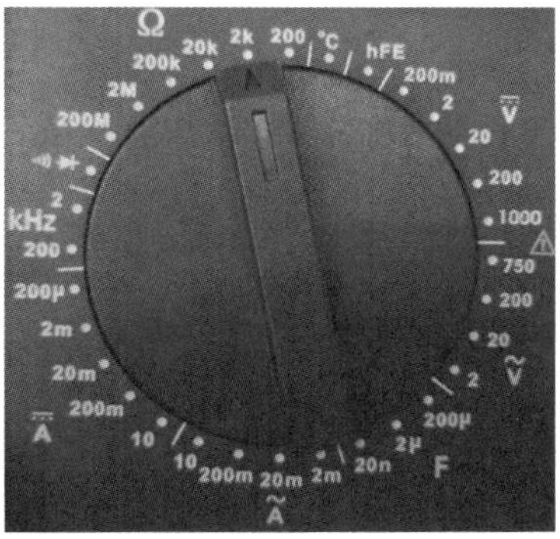	检查表笔插孔,将万用表转换开关拨到电阻挡合适量程位置	欧姆:2K 挡
（3）测 1R2 在路电阻	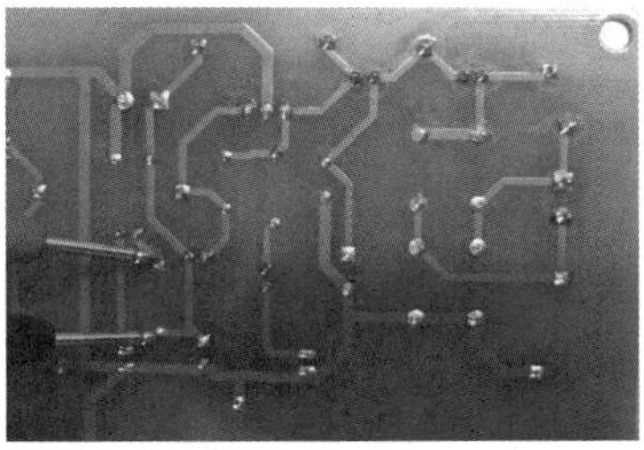 	将两表笔分别接电阻两引脚上,读出在路阻值	正反测量参考值相同,测试值为 0.470 9 kΩ
（4）复位		测量完毕,将万用表量程转换开关拨到交流电压最高挡（750 V）,再关闭电源开关	转换开关处于 750 V 挡位,然后关闭电源

表 1-25 测量交流电压

操作步骤	操作图示	操作要点	操作（或测量）结果
（1）选择挡位	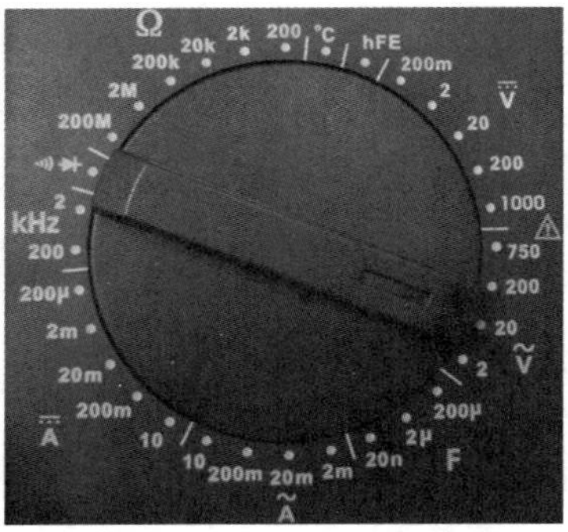	检查表笔插孔，将万用表转换开关拨到交流电压挡合适量程处，如果不知道被测电压的大小，则应先从最高挡来选择合适的量程	参考挡位量程：AC 20 V
（2）测量交流电压		将万用表两表笔并接在电路两端，亦可根据需要选用鳄鱼夹替代表笔（注：检测时交流电没有极性之分）	两表笔任意接电路两端
（3）读取数据		根据 LCD 屏显示读取交流电压测量值（U_i）。使用完毕请复位	参考交流电压值：12.428 V

表 1-26 测量直流电流

操作步骤	操作图示	操作要点	操作（或测量）结果
（1）选择挡位	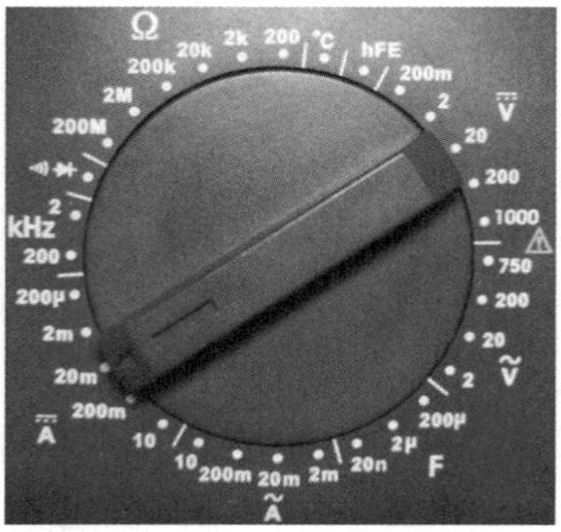	检查表笔插孔，根据电路中被测对象将万用表转换开关拨到直流电流挡合适量程处，如果不知道被测电流的大小，则应先从最高挡来选择合适的量程	参考挡位量程：DC20 mA

续表

操作步骤	操作图示	操作要点	操作(或测量)结果
(2)测量电流		万用表两表笔串接到1电路中(注:红表笔接高电位,黑表笔接低电位)	注意直流电源的正负极
(3)读取数据		根据万用表 LCD 屏显示值读取直流电流的测量值(I_{1R2})。使用完毕请复位	参考电流:14.073 mA

表 1-27 测量二极管导通电压

操作步骤	操作图示	操作要点	操作(或测量)结果
(1)选择挡位	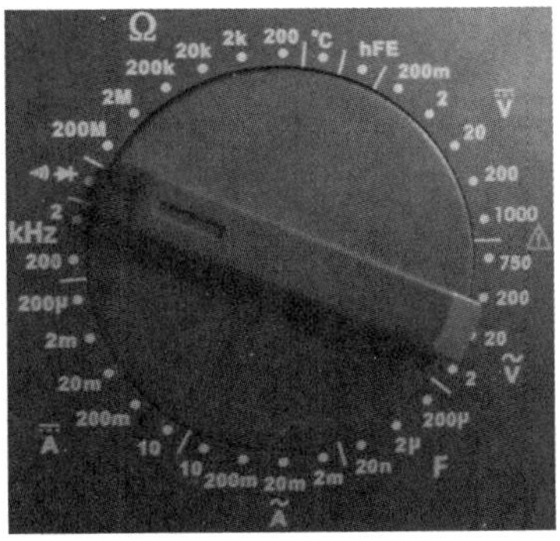	检查表笔插孔,将万用表转换开关拨到二极管量程处	参考挡位量程:二极管测量挡
(2)测量二极管	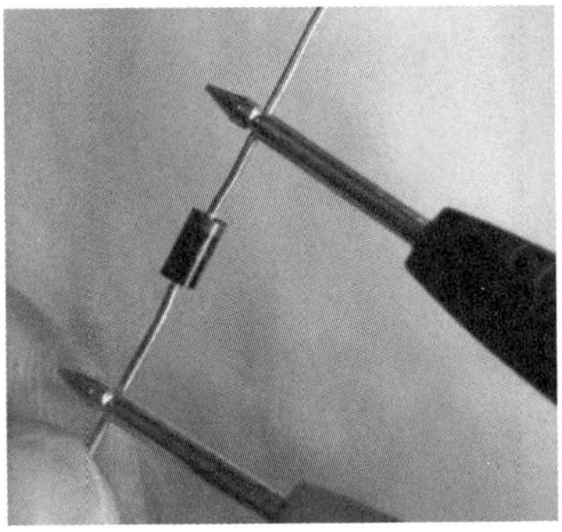	测量正向导通电压时表笔接法与测量直流电压表笔接法相同	红表笔接二极管正极,黑表笔接二极管负极

25

续表

操作步骤	操作图示	操作要点	操作（或测量）结果
（3）读取数据		根据万用表LCD屏显示读取测量值，单位：mV。使用完毕请复位	正向导通电压564 mV

表1-28　测量三极管的放大倍数

操作步骤	操作图示	操作要点	操作（或测量）结果
（1）选择挡位		将万用表转换开关拨到三极管量程处，并正确连接转接头	参考挡位量程：hFE
（2）检测管型与放大倍数	 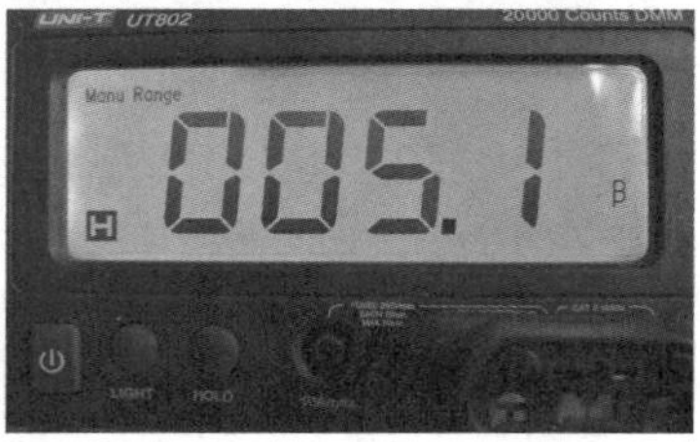	将三极管三只引脚分别放入转接头的"N"和"P"接触点并切换方向。观察LCD屏显示，有数字时三极管为对应管型（图示以9014为例，该管为NPN）	LCD屏显示的两个数值，三极管的放大倍数以大值为准。即三极管放大倍数为149.3

续表

操作步骤	操作图示	操作要点	操作（或测量）结果
（3）判断极性		将三极管三引脚分别放置于对应管型下方"E、B、C"接触点,当LCD屏显示值与放大倍数相同时,各引脚为对应极性,使用完毕请复位	9014引脚排列为E、B、C（正对字面,引脚朝下）

提示

①测量前,先检查红、黑表笔连接的位置是否正确。同时,必须将被测电路内所有电源断开,并将所有电容器放净残余电荷。红色表笔接到标有"V/Ω/mA"等的插孔内,黑色表笔接到标有"COM"插孔内。

②在表笔连接被测电路或被测物之前,一定要查看所选挡位与被测量是否相符。

③测量时,手指不要触及表笔和被测元器件的金属部分。

④测量中若需转换量程,必须在表笔离开被测电路或被测物后才能进行,否则转换开关转动产生的电弧易烧坏选择开关的触点,造成接触不良的事故。

⑤在实际测量中,经常要测量多种电量,每一次测量前要根据每次测量任务把转换开关转换到相应的挡位和量程。

⑥显示器只显示"1",表示量程选择偏小,转换开关应置于更高量程。

⑦测量1 MΩ以上的电阻时,需要经过几秒才会稳定,对于高阻值的测量属于正常现象。⑧测量完毕,转换开关应置于交流电压最高挡(750V),再关闭电源开关。

技能训练

说一说

说出工作台上UT-802台式数字万用表面板功能键名称及作用,并填入表1-29。

表1-29　UT-802台式数字万用表面板功能键名称及作用

序号	名　称	作　用
1		
2		
3		
4		
5		

续表

序号	名　称	作　用
6		
7		
8		
9		

练一练

选择一些电阻、交直流电源用台式数字万用表进行测量,测量结果填入表1-30—表1-33中。

表 1-30　电阻的测量

单个阻值	R_1	R_2	R_3	R_4	R_5
欧姆挡倍率					
读数值/Ω					

表 1-31　直流电流的测量

电流测量	I_1	I_2	I_3	I_4	I_5
量程					
读数值/mA					

表 1-32　直流电压的测量

电压测量	U_1	U_2	U_3	U_4	U_5
量程					
读数值/V					

表 1-33　交流电压的测量

电压测量	U_1	U_2	U_3	U_4	U_5
量程					
读数值/V					

知识拓展

台式万用表

　　台式万用表是一种高精度数字万用表,如图 1-6 所示。四位半、五位半或六位半是精度的数量级,反映检测误差值的大小。目前业界最高精度数字万用表可达八位半,精度越高,价格越贵,功能越齐全(特别是过载保护功能,能在选错挡位时自动启动保护装置)。高精密台式万用表常用于研发、制造。

(a)优利德四位半　　　　　(b)优利德五位半　　　　　(c)福禄克六位半

图 1-6　台式万用表

　　台式万用表一般都有外接电源,在使用结束后一定要及时关闭电源,以免浪费电力资源。从 2020 年全国电力供需形势来看,我国多地出现电力供需矛盾。习近平总书记号召大家保护环境,而节能减排是保护环境的一个重要举措,同时也是我们每个人的责任。所以我们要全面贯彻新发展理念,充分认识节约用电对促进经济社会绿色可持续发展的重要性,自觉树立节约用电观念,大力倡导绿色低碳生产生活方式,为创造美好的生活环境奉献自己的力量。

从中考落榜生到世界冠军

学习评价

表 1-34　任务四学习评价表

评价项目	评价权重	评价内容		评分标准	自评	互评	师评
学习态度	20%	出勤与纪律	①出勤情况 ②课堂纪律	10 分			
		学习参与度	团结协作、积极发言、认真讨论	5 分			
		任务完成情况	①技能训练任务 ②其他任务	5 分			
专业理论	10%	台式数字万用表的结构和台式数字万用表的使用方法	台式数字万用表的结构	5 分			
			台式数字万用表的优点	5 分			

续表

评价项目	评价权重	评价内容		评分标准	自评	互评	师评
专业技能	60%	用台式数字万用表测量电阻	①万用表使用正确 ②测试方法正确 ③读数准确	10分			
		用台式数字万用表测量电流	①万用表使用正确 ②测试方法正确 ③准确判断	10分			
		用台式数字万用表测量电压	①万用表使用正确 ②测试方法正确 ③准确判断	10分			
		用台式数字万用表测量二极管	①万用表使用正确 ②测试方法正确 ③准确判断	10分			
		用台式数字万用表测量三极管	①万用表使用正确 ②测试方法正确 ③准确判断	10分			
		用数字万用表测量电容	①万用表使用正确 ②测试方法正确 ③准确判断	10分			
职业素养	10%	注重文明、安全、规范操作、善于沟通、爱护财产,注重节能环保		10分			
综合评价							

项目技能考核评价标准

万用表的识别与使用技能考核评价标准表

姓　名			日　期		指导教师	
考核评价地点				考核评价时间		1 h
评价内容、要求、标准						
评价内容	评价要求		配分	评价标准		得分
万用表的识别	展示几种不同类型的万用表,让学生说出是什么类型的万用表,并能说出其基本特点		5分	给5种类型的万用表,每正确1个给1分		

续表

评价内容	评价要求	配分	评价标准	得分
MF47 指针式万用表的基本结构	说出 MF-47 指针式万用表的基本结构：表头、表盘、机械调零及欧姆调零、转换开关、表笔、电池及保险	10 分	给每个同学一块 MF47 万用表，让学生说出其基本结构，每正确 1 个给 2.5 分	
MF47 指针式万用表的正确使用	正确使用 MF47 万用表进行电阻、交（直）流电压、直流电流测量	20 分	给每个同学一块 MF47 万用表，让学生来测量电阻、交直流电压、直流电流，每正确一项给 5 分	
数字式万用表的外观说明	正确说出数字式万用表的外观	5 分	给每个同学一块数字式万用表，让学生说出其基本结构，每正确 1 个给 1 分	
数字式万用表的正确使用	正确使用数字式万用表进行电阻、直流电流、交直流电压、二极管、三极管测量	20 分	给每个同学一块数字式万用表，让学生使用，每正确 1 项给 5 分	
台式数字万用表的显示符号	正确说出台式数字万用表显示屏上的符号	5 分	每个同学根据显示屏上的显示符号说出符号的意义，正确 1 个给 2 分	
台式数字万用表的功能	正确说出台式数字万用表的测量功能	10 分	每个同学根据台式数字万用表的量程位置说出其功能，正确 1 个给 2 分	
台式万用表的正确使用	正确使用台式万用表进行电阻、直流电流、交直流电压、二极管、三极管测量	15 分	给每个同学一块台式万用表，让学生使用，每正确 1 项给 5 分	
职业素养	注重文明、安全、规范操作，善于沟通、爱护财产，注重节能环保	10 分	出现安全事故扣 10 分。损坏仪表或元器件扣 10 分，违反操作规程扣 5 分。缺乏职业意识、无法解决实际问题、超过规定的时间等酌情扣分	

评价结论：

项目二

电阻器和电位器的识别与检测

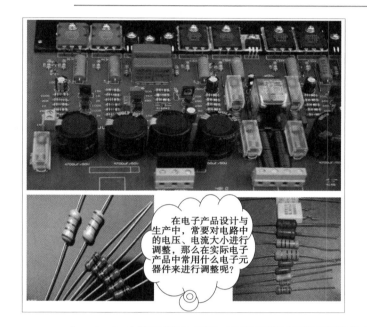

在电子产品设计与生产中，常要对电路中的电压、电流大小进行调整，那么在实际电子产品中常用什么电子元器件来进行调整呢？

业精于勤荒于嬉
行成于思毁于随
——韩愈

【知识目标】

- 能识读电阻器和电位器并能画出电阻器和电位器的电路符号。
- 能描述电阻器的作用、种类、参数及参数标注方法。
- 能描述电位器的作用、种类、参数及参数标注方法。

【技能目标】

- 会区分电阻器和电位器，并能根据标注（直接标注法、文字符号法、数码法、色标法等）识读其参数（阻值、功率、误差等）。
- 能用万用表测试电阻器和电位器的阻值，并能判别性能。
- 能识别贴片电阻器，并能根据标注识读其参数。

【素养目标】

- 讲文明、重安全、善于沟通，具有团结协作意识。
- 爱护财产、规范操作，具有节能环保意识。

任务一 认识电阻器

任务描述

在电子产品生产中,通常会选用电阻串联来分压、电阻的并联来分流。但电阻的种类很多,外部特征及特点各不相同。我们首先必须清楚地认识不同类型的电阻器的外形结构,学会通过识别电阻器表面标志的含义来了解其相关参数,然后才能灵活地选择合适的电阻并运用于电子电路当中,发挥电阻器在电路中应有的作用。

任务分析

本任务就是通过观察不同类型的电阻器,认识不同类型电阻器的外形结构特点;通过观察电阻器表面标志,能够识别电阻器名称及相关参数;通过知识点的学习了解电阻器的命名规则、电阻器作用、种类及参数。

任务实施

物体对电流通过的阻碍作用称为电阻,利用了这种阻碍作用做成的元件称为电阻器,用字母 R(Resistance 的缩写)表示电阻器在电路中具有分流、分压、缓冲、负载、保护及检测等作用。

活动一 认识电阻器型号命名及电阻器种类、符号

记一记 根据国家标准 GB 2471—81 规定,固定电阻器型号命名由 4 个部分构成。其命名规则如下所示。

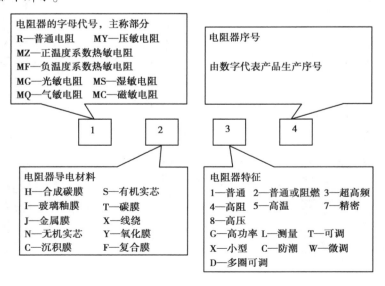

电阻器的字母代号,主称部分
R—普通电阻　MY—压敏电阻
MZ—正温度系数热敏电阻
MF—负温度系数热敏电阻
MG—光敏电阻　MS—湿敏电阻
MQ—气敏电阻　MC—磁敏电阻

电阻器序号
由数字代表产品生产序号

电阻器导电材料
H—合成碳膜　S—有机实芯
I—玻璃釉膜　T—碳膜
J—金属膜　X—线绕
N—无机实芯　Y—氧化膜
C—沉积膜　F—复合膜

电阻器特征
1—普通 2—普通或阻燃 3—超高频
4—高阻 5—高温　7—精密
8—高压
G—高功率 L—测量　T—可调
X—小型　C—防潮　W—微调
D—多圈可调

例如,RJ71 为精密金属膜固定电阻器,RX81 为高压线绕固定电阻器,RTG6 为高功率碳膜固定电阻器。

读一读 常用电阻器种类及在电路中的符号见表 2-1。

表 2-1 常用电阻器种类、符号

种类	符号	实物外形	特点
固定电阻器	R（两种符号：矩形框 R 和锯齿形 R）	碳膜电阻器	碳膜电阻器是将碳在真空高温的条件下分解的结晶碳蒸镀沉积在陶瓷骨架上制成,引线两端都有端帽,具有电压稳定性好、成本低、用量大的特点,但误差和噪声大
		金属膜电阻器	金属膜电阻器是将金属或合金材料在真空高温的条件下加热蒸发沉积在陶瓷骨架上制成,具有较高的耐高温性能、温度系数小、热稳定性好、噪声小、电压系数好等优点,但造价高,脉冲负荷稳定性差
		金属氧化膜电阻器	金属氧化膜电阻器是将锡和锑的金属盐溶液进行高温喷雾沉积在陶瓷骨架上制成,具有抗氧化、耐酸、抗高温等优点,但成本高
		有机实芯电阻器	有机实芯电阻器是由颗粒状导体(如炭黑、石墨)、填充料(如云母粉、石英粉、玻璃粉、二氧化钛等)和有机黏合剂(如酚醛树脂等)等材料混合并热压成型后制成的,具有较强的抗负荷能力,成本低,但误差大,稳定性差

续表

种类	符号	实物外形	特点
敏感电阻器	热敏电阻器 R_T t		热敏电阻器是一种对温度反应较敏感、阻值会随着温度的变化而变化的非线性电阻器,按温度变化特性可分为正温度系数热敏电阻器(PTC)和负温度系数热敏电阻器(NTC)两种
	压敏电阻器 R_V U R_V		压敏电阻器简称 VSR,是一种对电压敏感的非线性过压保护元件,压敏电阻器的电压与电流呈特殊的非线性关系,当压敏电阻器两端施加的电压达到某一临界值(压敏电压)时,其阻值会急剧变小
	光敏电阻器 R_L(或R_G)		光敏电阻器是利用半导体的光电效应制成的一种特殊电阻器,对光线十分敏感,它的电阻值能随着外界光照强弱(明暗)变化而变化。它在无光照射时,呈高阻状态;当有光照射时,其电阻值迅速减小
	湿敏电阻器		湿敏电阻器是一种对环境温度敏感的元件,它的电阻值能随着环境的相对湿度变化而变化,它是一种将湿度转换成电信号的换能器件
	气敏电阻器 R Q		气敏电阻器是一种将检测到的气体的成分和浓度转换为电信号的传感器,即是一种半导体敏感器件。它是利用气体的吸附而使半导体本身的电导率发生变化这一原理来进行检测的

续表

种类	符号	实物外形	特点
熔断电阻器			熔断电阻器也称保险电阻器,是一种具有电阻器和熔断器双重作用的特殊元件,分为可恢复式熔断电阻器和一次性熔断电阻器两种。当电路出现故障而使其功率超过额定功率时,它会像保险丝一样熔断使连接电路断开
可调电阻器			可调电阻器也称微调电阻器,是阻值调节范围较小的可变电阻器,是电阻的一类,其电阻值的大小可以人为调节,以满足电路的需要,常用于需要调节电路电流、电压或需要改变电路阻值的场合

在电子产品中还有以下两种电阻器(见图 2-1):

水泥电阻器 是将电阻线绕在无碱性耐热瓷件上,外面加上耐热、耐湿及耐腐蚀之材料保护固定将其放入方形瓷器框内,用特殊不燃性耐热水泥充填密封而成。水泥电阻的外侧主要是陶瓷材质。水泥电阻通常用于功率大,电流大的场合。

线绕电阻器 是用高阻值的合金线(即电阻丝,采用镍铬丝、康铜丝、锰铜丝等材料制成)缠绕在绝缘基棒上制成的,具有阻值范围大、噪声小、耐高温、承载功率大等优点。缺点是体积大、高频特性较差。

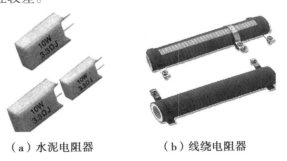

（a）水泥电阻器   （b）线绕电阻器

图 2-1 水泥电阻器和线绕电阻器

活动二 电阻器参数及参数标注方法

读一读 选择使用电阻器的关键是知道其参数,电阻器的主要参数见表 2-2。

表 2-2　电阻器的主要参数

参　数	含　义	说　明
标称阻值	表示电阻器对电流阻碍作用的强弱。阻值越大,阻碍作用越强	电阻器用字母"R"表示,其国际单位是欧姆(Ω),还有大的单位 $k\Omega$,$M\Omega$,$G\Omega$,$T\Omega$,它们的关系为 $1\ T\Omega = 10^3\ G\Omega = 10^6\ M\Omega = 10^9\ k\Omega = 10^{12}\ \Omega$
允许偏差（或误差）	指电阻器的实际电阻值对于标称电阻值所允许的最大偏差范围,它标志着阻值的精度。偏差值除以标称阻值即为误差	常用百分比或字母来表示,不同字母对应不同误差,如 B 为±0.1%,C 为±0.25%,D 为±0.5%,F 为±1%,G 为±2%,J 为±5%,K 为±10%,M 为±20%,N 为30%
额定功率	指电阻器在长期连续正常工作中能够承受的最大功率值	功率在 1 W 以上的一般直接标注在电阻体上,功率小的一般通过体积大小可确定,也可从电路图中的符号确定
材料	指构成电阻体所用材料,不同材料的电阻器性能不同	一般用字母标注电阻器所用材料。有的可通过实物外观判别

在电路中,常用图形符号表示电阻器的额定功率,如图 2-2 所示。

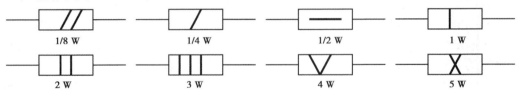

图 2-2　电阻器额定功率图形符号

看一看　电阻器参数标注方法。电阻器的参数常标注在电阻器的表面上,常用的标注方法有直标法、文字符号法、数码法及色标法。

1.直标法

直标法就是将电阻器的主要技术参数直接标注在电阻器表面上(见图 2-3)。

2.文字符号法

文字符号法是用阿拉伯数字和文字符号两者有规律的组合来表示标称阻值,其允许偏差也用文字符号表示(见图 2-4)。

3.数码法

数码法是用三位数字表示标称阻值:前两位为有效数值,第三位表示 0 的个数,单位为 Ω(见图 2-5)。

标称阻值为0.15 Ω
误差J为 ± 5%
额定功率为5 W

图 2-3　直标法

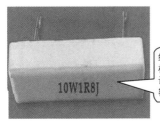

图 2-4　文字符号法

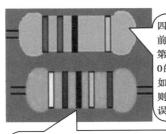

473表示阻值为
47 000 Ω（即
47 kΩ）
104表示阻值为
100kΩ

图 2-5　数码法

4.色标法

色标法就是用颜色（色环或色点）标注在电阻器的外表面上表示电阻器的参数，单位为 Ω（见图 2-6）。

色环电阻
的识读

四色环标注法：（普通型）
前两环对应数字为有效数字，
第三环为倍乘数（有效数后加
0的个数），第四环为误差。
如：电阻色环顺序为红红黑金
则电阻阻值为22 Ω
误差为 ± 5%

五色环标注法：（精密型）
前三环对应数字为有效数字，第四
环为倍乘数（有效数后加0的个数），
第五环为误差。
如：电阻色环顺序为黄紫黑黄棕
则电阻阻值为 4 700 000 Ω（即
4.7 MΩ）误差为 ± 1%

图 2-6　色标法

电阻器色标法中颜色与数字对应关系见表 2-3。

表 2-3　颜色与数字对应关系

色环颜色	有效数字	倍乘数	误差/%
黑色	0	10^0	—
棕色	1	10^1	±1
红色	2	10^2	±2
橙色	3	10^3	—
黄色	4	10^4	—
绿色	5	10^5	±0.5
蓝色	6	10^6	±0.25

续表

色环颜色	有效数字	倍乘数	误差/%
紫色	7	10^7	±0.1
灰色	8	10^8	—
白色	9	10^9	−20~+50
金色	—	10^{-1}	±5
银色	—	10^{-2}	±10
无色	—		±20

提示

①当色环电阻器只有三道色环时,表示允许误差均为±20%。

②当色环电阻器有六道色环时,最后一道表示电阻器的温度系数。

③色环的顺序读取要注意区别第一色环和最后一色环(误差环)。

a.第一色环与引脚距离较近,与相邻色环距离较近。

b.最后一色环(误差环)与引脚距离较远,与相邻色环距离较远。

c.最后一环一般为金色或银色。

例如:

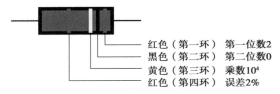

红色(第一环)　第一位数2
黑色(第二环)　第二位数0
黄色(第三环)　乘数10^4
红色(第四环)　误差2%

电阻阻值为:$20×10^4\ \Omega = 200\ k\Omega$

误差为:2%

　　一般四色环和五色环电阻器表示允许误差的色环的特点是该环离其他环的距离较远。较标准的表示应是表示允许误差的色环的宽度是其他色环的1.5~2倍。有些色环电阻器由于厂家生产不规范,无法用上面提示的特征判断,这时只能借助万用表测试判断。

技能训练

认一认

观察下列电阻器实物图片(见图2-7),说出电阻器类型、参数及参数标注方法。

练一练

将工位上的10只电阻器做好序号标记后识读,并将相关参数填入表2-4中。

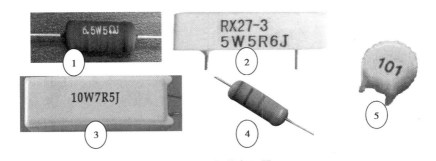

图 2-7 各种电阻器

表 2-4 色环电阻器识读

序号	颜色顺序	阻　值	误　差
1			
2			
3			
4			
5			
6			
7			
8			
9			
10			

做一做

根据表 2-5 给出的条件,将表中的内容填写完整。

表 2-5 色环电阻器识读练习

已知电阻器色环写出其阻值和误差			已知电阻器阻值和误差写出色环颜色顺序		
色环顺序	阻　值	误　差	阻值和误差	四色环颜色顺序	五色环颜色顺序
棕黑黄金			$1\Omega\pm2\%$		
红紫黑			$100\ \Omega\pm10\%$		
棕黑黑橙银			$360\ k\Omega\pm1\%$		
红黑棕红			$5.1\ k\Omega\pm0.1\%$		
黄紫黑橙绿			$1\ k\Omega\pm2\%$		

知识拓展

电阻器的发展

　　1885 年英国 C.布雷德利发明模压碳质实芯电阻器。1897 年英国 T.甘布里尔和 A.哈里斯用含碳墨汁制成碳膜电阻器。1913—1919 年英国 W.斯旺和德国 F.克鲁格先后发明金属膜电阻器。1925 年德国西门子——哈尔斯克公司发明热分解碳膜电阻器,打破了碳质实芯电阻器垄断市场的局面。晶体管问世后,对电阻器的小型化、阻值稳定性等指标要求更严,促进了各类新型电阻器的发展。美国贝尔实验室 1959 年研制成 TaN 电阻器。20世纪 60 年代以来,采用滚筒磁控溅射、激光阻值微调等新工艺,部分电阻器产品向平面化、集成化、微型化及片状化方面发展。

超导体

学习评价

表 2-6　任务一学习评价表

评价项目	评价权重	评价内容		评分标准	自评	互评	师评
学习态度	20%	出勤与纪律	①出勤情况 ②课堂纪律	10 分			
		学习参与度	团结协作、积极发言、认真讨论	5 分			
		任务完成情况	①技能训练任务 ②其他任务	5 分			
专业理论	30%	电阻器的作用、种类、参数及参数标注方法	电阻器在电路中有什么作用	5 分			
			电阻器有哪些种类	10 分			
			电阻器的主要参数是哪些	5 分			
			电阻器的参数有哪些标注方法	10 分			
专业技能	40%	能识读电阻器类型及参数	在电路板或各种混合电子元器件中认出 10 只电阻器,识读出参数	20 分			
		能准确读出色环电阻器阻值	能准确识别 10 只色环电阻的阻值和误差	20 分			
职业素养	10%	注重文明、安全、规范操作、善于沟通、爱护财产,注重节能环保		10 分			
综合评价							

任务二　检测电阻器

任务描述

在电子产品中,由于电阻器出现阻值变化(如增大、减小、短路及开路等)会导致电子产品无法正常工作。电阻器性能是否良好通常可用万用表进行检测,只有正确掌握万用表对电阻器的检测方法,才能更加准确地检测并判断电阻器性能的好坏。

任务分析

本任务具体介绍用万用表对不同电阻器的检测方法,利用万用表判断电阻器的性能好坏。通过对电阻器检测的实际操作,学会万用表测试电阻时的量程选择和电阻值读数,了解检测电阻器的一些基本方法、步骤及注意事项。

任务实施

活动一　常用固定电阻器的检测

学一学　电阻器的检测可以用指针式万用表,也可以用数字万用表,下面以 MF47型指针式万用表检测常用电阻器为例,实施电阻器检测步骤见表 2-7。

表 2-7　电阻器检测步骤

步骤	图　示	说　明
选挡	第一步:将红黑表笔分别插入万用表的"+""-"(COM)插孔　第二步:将万用表换挡开关置于欧姆挡,并选择合适的量程挡	选欧姆量程挡应根据已知电阻的大小选择合适量程挡。若不知电阻值大小时,可先选大量程挡,后选小量程挡。使指针指在满刻度的 1/3~2/3
调零	第一步:将红黑表笔短接　使指针指在欧姆 0 刻度　第二步:调节欧姆(电阻)调零旋钮	如果不同的量程中指针都无法调到欧姆 0 刻度,说明应更换电池后再进行测试　提示:每改选一次欧姆量程挡都须重新调零

续表

步骤	图　示	说　明
测试	将红黑表笔分别接触电阻器的两端	测试时人手只能接触电阻器的一端,不能有人体同时接触电阻器的两端,否则影响测试精度
读数	观察指针所指电阻刻度数	测试时指针所指刻度与所选量程的乘积即为电阻器的阻值
若测出的电阻值与标称阻值不符,则说明该电阻器的误差较大或已变值损坏;若测得电阻器的阻值为无穷大,则说明该电阻器已开路损坏。若电阻器在电路板上应脱开电路板进行检测		

电阻器检测要点:一看(拿起表笔看挡位)、二板(对应电量板到位)、三调零(测量电阻先调零)、四测(测量稳定记读数)、五复位(测试结束后放下表笔并复位)。

活动二　常用敏感电阻器的检测

读一读　常用敏感电阻器的检测见表2-8。

表2-8　常用敏感电阻器的检测

检测类型	检测方法及说明
PTC热敏电阻器的检测	PTC热敏电阻器的电阻值在常温下较小,可用万用表R×1 Ω挡测量。若测得其电阻值为零或无穷大,则说明该电阻器已短路或开路。在测量PTC电阻器的同时,用电烙铁对其加热,若其阻值能迅速变大,则说明该电阻正常
NTC热敏电阻器的检测	用万用表电阻挡测量NTC热敏电阻器电阻值的同时,用手指捏住电阻器或利用电烙铁、电吹风等使其温度升高。若电阻器的阻值能随着温度的升高而变小,则说明该电阻器性能良好,若电阻器不随温度变化而变化,则说明该电阻器已损坏或性能不良
压敏电阻器的检测	用万用表R×1 kΩ或R×10 kΩ挡,测量压敏电阻器的电阻值,正常时应为无穷大。若测得其电阻值接近零或有一定的电阻值,则说明该电阻器已击穿损坏或已漏电损坏
光敏电阻器的检测	在光线较暗的环境下,测量光敏电阻器的暗电阻是否正常。若暗电阻正常,则可将电阻器靠近光源(可见光光敏电阻器可用白炽灯泡照射,紫外光光敏电阻器可用验钞器的紫外线灯管照射,红外光光敏电阻器可用电视机遥控器内的红外发射管作光源),进一步测量其亮电阻。若光敏电阻器受光后阻值变化较大,则说明该光敏电阻器完好;否则,性能不良

技能训练

练一练

将工位上的电阻器做好序号标记后识读、检测,并将检测结果填入表2-9中。

表2-9　电阻器识读检测

序号	电阻器参数识读	电阻器检测			偏　差
		万用表量程	指针刻度读数	测试值	
1					
2					
3					
4					
5					
6					
7					
8					
9					
10					

做一做

任选两只电阻器用不同万用表选用不同的量程挡进行测试,将测试结果填入表2-10中。

表2-10　电阻器测试比较

	指针式万用表测试		数字式万用表测试		实际标称阻值
量程					
R_1					
R_2					
测试结果说明:					

知识拓展

电阻器的选用与代换

1.固定电阻器的选用与代换

固定电阻器有很多种类型,使用十分广泛。选用哪一种材料和结构的电阻器,应根据应用电路的具体要求而定。在选用或代换某一电阻器时,电阻器的额定功率要符合应用电路的要求,电阻值应等于或接近应用电路中计算值的一个标称值。一般电路使用的电阻器允许误差为±5%～±10%。普通固定电阻器损坏后,可用额定功率、阻值均相同的碳膜电阻器或金属膜电阻器代换。

在实际中,若没有同型号的电阻器代换,也可用电阻器串联或并联的方法做应急处理。

2.熔断电阻器的选用与代换

熔断电阻器是具有保护功能的电阻器,选用或代换时应根据电路的具体要求而定。电阻器的额定功率要符合应用电路的要求,电阻值应等于或接近应用电路中计算值的一个标称值。损坏时,应尽量采用同型号的熔断电阻器代换,以保证熔断电阻器在超负荷时能快速熔断,在正常负荷下能长期稳定地工作。

若无同型号熔断电阻器更换,可用电阻器与熔断器串联后代换。原熔断电阻器的额定电流 I 可计算为:

$$I = \sqrt{0.6\frac{P}{R}}$$

超导体
发展历程

学习评价

表 2-11　任务二学习评价表

评价项目	评价权重	评价内容		评分标准	自评	互评	师评
学习态度	20%	出勤与纪律	①出勤情况 ②课堂纪律	10分			
		学习参与度	团结协作、积极发言、认真讨论	5分			
		任务完成情况	①技能训练任务 ②其他任务	5分			
专业理论	30%	固定电阻器测试步骤和常用敏感电阻器测试方法	固定电阻器的检测步骤有哪些	10分			
			如何检测正温度系数的热电阻器	5分			
			如何检测负温度系数的热电阻器	5分			
			如何检测压敏电阻器	5分			
			如何检测热敏电阻器	5分			
专业技能	40%	能用万用表检测固定电阻器阻值	①万用表使用正确 ②测试方法正确 ③读数准确	30分			
		能用万用表判断敏感电阻器好坏	①万用表使用正确 ②测试方法正确 ③准确判断	10分			
职业素养	10%	注重文明、安全、规范操作、善于沟通、爱护财产,注重节能环保		10分			
综合评价							

任务三　认识与检测电位器

任务描述

在家用电器和其他电子设备电路中,电位器的作用是用来分压、分流和用来作为变阻器。电位器与电阻器一样,其参数有标称阻值、额定功率和误差等,同时还有阻值的变化规律。电位器在电路中主要通过改变阻值来调节电压和电流的大小,常用于各类需调整工作点、频率点的电子产品中。那么,常用到哪些电位器呢? 又如何检测电位器性能的好坏呢?

任务分析

本任务就是通过观察电位器,知道电位器的型号、种类、参数。通过万用表对电位器检测的实际操作,学会用万用表检测电位器并判断其性能好坏,知道检测电位器的基本方法、步骤及注意事项。

任务实施

电位器(Potentiometer)是一种阻值可调的可变电阻器,它通过电刷在电阻体上的滑动来改变阻值,在结构上有 3 个引出端,其中两个为固定端,一个为滑动端(中间抽头),滑动端在两个固定端之间的电阻体上做接触滑动,使其与固定端之间的电阻发生改变。

活动一　认识电位器型号命名及电位器种类、符号

记一记　根据国家标准规定,电位器型号命名由 4 个部分构成。其命名规则如下所示。

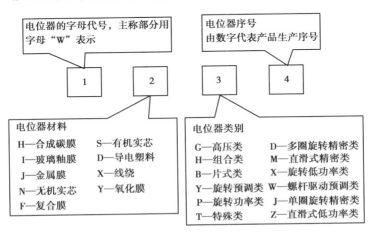

例如,WNM107 表示直滑式精密类无机实芯电位器,WXJ2 表示单圈旋转精密类线绕电位器,WH122 表示合成碳膜电位器。

读一读 常用电位器种类及在电路中的符号,见表2-12。

表2-12 常用电阻器种类、符号

电路符号	种类	实物外形	特 点
基本符号: ——[R_P]—— 带开关符号:	线绕电位器		线绕电位器是用康铜丝和镍铬合金丝绕在一个环状支架上制成的。其特点是:功率大、耐高温、热稳定性好且噪声低。它的阻值变化是线性的,通常用于大电流调节电路中,由于电感量大,不宜用在高频电路场合
	碳膜电位器		碳膜电位器的电阻体是在绝缘基体上蒸涂一层碳膜制成的。其特点是结构简单、绝缘性好、噪声小且成本低,广泛用于家用电子产品中
	单圈和多圈电位器	 单圈电位器 多圈电位器	普通电位器和一些精密电位器大部分多为单圈电位器,而多圈电位器的结构有两种:一是电位器的动接点沿着螺旋形的绕组做螺旋运动来调节阻值;二是通过蜗轮、蜗杆来传动,电位器的接触刷装在轮上并在电阻体上做圆周运动。多圈电位器属于精密电位器,具有线性优良、能进行精细调整等优点,广泛用于对电阻进行精密调整的场合
	单联和双联电位器	 单联电位器 双联电位器	单联电位器具有独立的转轴,而双联电位器是两个电位器装在同一个轴上,即同轴双联电位器。它可减少电子元件个数,美化电子设备的外观

续表

电路符号	种类	实物外形	特 点
基本符号： R_P 带开关符号：	有机实芯电位器		有机实芯电位器由导电材料与有机填料、热固性树脂配制成电阻粉，经过热压，在基座上形成实芯电阻体。其特点是结构简单、体积小、耐高温、阻值范围宽、可靠性高，缺点是耐压低、噪声大
	导电塑料电位器		导电塑料电位器是将 DAP(邻苯二甲酸二烯丙酯)电阻浆料覆在绝缘机体上，加热聚合成电阻膜，或将 DAP 电阻粉热塑压在绝缘基体的凹槽内形成的实芯体作为电阻体。其特点是平滑性好、耐磨性好、寿命长、噪声小、可靠性极高、耐化学腐蚀。常用于宇宙装置、导弹、飞机雷达天线的伺服系统等

活动二　电位器参数及参数标注方法

读一读　电位器的主要参数见表 2-13。

表 2-13　电位器的主要参数

参　数	含　义	说　明
标称阻值	是指电位器两固定引片之间的阻值	单位为欧[姆](Ω)
额定功率	是指电位器在交流或直流电路中，在一定的大气压和规定环境温度下所能承受的最大允许功率	电位器的额定功率也是按照标称系列进行标注的。而且线绕与非线绕有所不同。例如，线绕电位器的额定功率有 0.25 W、0.5 W、1 W、1.6 W、2 W、3 W、5 W、10 W、16 W、25 W、40 W、63 W、100 W。而非线绕电位器的额定功率有 0.05 W、0.1 W、0.25 W、0.5 W、1 W、2 W、3 W 等
阻值变化规律	是指转轴的旋转角度与电阻值变化关系的规律，这种关系常用的有直线式(X)、对数式(Z)和指数式(D)3 种	直线式电位器的阻值是随转轴的旋转做匀速变化的，并与旋转角度成正比，这种电位器适于作分压、偏流的调整；对数式电位器的阻值随转轴的旋转作对数关系的变化，这种电位器适于作音调控制；指数式电位器的阻值随旋转轴的旋转作指数规律变化，这种电位器适于作音量控制

续表

参 数	含 义	说 明
最大工作电压	是指电位器在规定条件下,长期可靠地工作且不损坏所允许承受的最高电压,一般可称为额定电压	电位器实际工作电压应小于额定电压,如果工作电压高于额定电压,则电位器所承受的功率要超过额定功率,将导致电位器过热损坏
机械寿命	也称耐磨寿命,是指电位器在规定试验条件下,动触点运动的总次数	常用周数表示

电位器参数的标注一般采用直标法、文字符号法或数码表示法。前两种一般用于体积较大的电位器上,而后一种一般用于体积较小的电位器上,如图2-8所示。

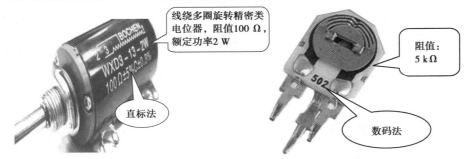

图 2-8　电位器参数的标注方法

活动三　电位器的检测

学一学　电位器检测步骤及方法见表2-14。

表 2-14　电位器检测步骤及方法

步 骤		方 法	说 明
第一步	准备工作	与电阻器测试一样,先对万用表进行量程挡选择,并调零	量程挡选择时可由电位器上所标参数决定
第二步	标称阻值测试	将红黑表笔分别接在电位器两个固定端引脚,测量读取电位器阻值	若测得的阻值为无穷大或与标称阻值相差较大,则说明电位器已开路或变质损坏
第三步	调节测试	将红黑表笔分别接电位器滑动端引脚和任一固定端引脚,缓慢匀速旋转电位器旋钮,使其从一端转向另一端,观察指针(即阻值)变化情况	若阻值从零欧变化到标称值(或相反),并且无跳变或抖动等现象,则说明电位器正常,若在旋转的过程中有跳变或抖动现象,说明滑动点与电阻体存在接触不良
只有第二步和第三步测试正常时,电位器才是正常的,带开关的电位器还需检测开关功能是否良好			

电位器检测注意事项如下：

①被测电位器（或电阻）严禁在带电状态下进行测量。

②不能将手指捏在电位器两端或用双手接触表笔的导电部分，否则会由于人体电阻导致测量结果偏小，影响测量精度。

③指针式万用表要平放使用，测量时不能随意换挡，并避免在强磁场环境下使用。

④检测读数时应尽量避免人为误差，同时也不要忽略万用表本身的误差，如电池电量不足。另外万用表的读数与标称阻值之间允许有一定的误差。

技能训练

说一说

在指定的元件袋中选出电位器，并指出其型号和参数。

练一练

选取 5 只电位器做好序号标记后进行测试，将测试参数填入表 2-15 中。

表 2-15　电位器测试

序号	标称阻值	万用表量程挡	固定端电阻测试值	性能判别（好或坏）
1				
2				
3				
4				
5				

知识拓展

电位器的代换

电位器损坏严重时，应更换新品。更换时，最好选用原类型、同型号、同阻值的电位器，还应注意电位器的轴长和轴端形状与原旋钮配合。如果找不到原型号、同阻值的电位器，又急需要使用，可用相似阻值和型号的电位器代换。代换的电位器的额定功率一般应与原电位器额定功率相同或略大，代换电位器的体积大小、外形和阻值范围应和原电位器相近。

水稻之父

学习评价

表 2-16　任务三学习评价表

评价项目	评价权重	评价内容		评分标准	自评	互评	师评
学习态度	20%	出勤与纪律	①出勤情况 ②课堂纪律	10分			
		学习参与度	团结协作、积极发言、认真讨论	5分			
		任务完成情况	①技能训练任务 ②其他任务	5分			
专业理论	30%	电位器种类、参数及检测	①常用电位器有哪些	10分			
			②电位器有哪些主要参数	10分			
			③如何检测电位器	10分			
专业技能	40%	电位器参数识读	选5只电位器分别指出材料、类别、参数标注方法及参数	20分			
		电位器检测	对5只电位器进行阻值测试和性能判别	20分			
职业素养	10%	注重文明、安全、规范操作、善于沟通、爱护财产,注重节能环保		10分			
综合评价							

任务四　识别与检测贴片电阻器

任务描述

在电子产品中,贴片元器件是一种新兴的电子元件,它在功能上与传统的插装元器件相同,广泛用于笔记本电脑、手机、MP3等现代精密电子产品上。它具有体积小、质量轻、电性能稳定、可靠性高、形状标准化、耐振动、集成度高等特点。贴片电阻器(SMD Resistor,表面安装电阻器)就是其中的一种。贴片电阻器是小型化的电子器件,也称片状电阻器,其功能与引线插装电阻器一样,但焊装必须采用表面安装技术(SMT),与自动装贴设备匹配,适应再流焊和波峰焊,装配成本低。

任务分析

本任务就是通过让观察常见的贴片电阻器,认识贴片电阻的外形结构特点;通过观察电阻器表面标示,能够识别贴片电阻的标称阻值;通过对贴片电阻器检测的实际操作,学会万用表测试贴片电阻时的量程选择,电阻值读数,了解检测贴片电阻器的一些基本方法、步骤及注意事项。

任务实施

活动一 认识贴片电阻器

读一读 常见贴片电阻器的种类、外形及参数标注方法见表2-17。

表2-17 贴片电阻器的种类、外形及参数标注方法

种类	实物外形	结构特点	参数识读
矩形片状电阻器		矩形片状电阻器主要由基板、电极、电阻保护层等构成,矩形片状电阻器可分为薄膜型(PK型)和厚膜型(RN型)两种	矩形片状电阻器采用数字标注法来表示电阻器的阻值,它是在电阻体上用三位数字来标明其阻值。其第一位和第二位为有数字,第三位表示在有效数字后面所加"0"的个数,这一位不会出现字母。例如,103表示10 kΩ,472表示4 700 Ω。用四位数字标注时其精度更高,其前三位为有效数字,第四位表示在有效数字后面所加"0"的个数。如果是小数,则用"R"表示小数点,并占用一位有效数字,其余两位是有效数字。例如,2R4表示2.4 Ω,R15表示0.15 Ω
圆柱形电阻器		圆柱形电阻器即金属电极无引脚端面元件,也称为MELF电阻器,主要由基体、电阻膜、端电极、螺纹槽、耐热漆、标志色环等构成。在结构和性能上,与引线插装电阻器有通用性和继承性。其外形为圆柱形密封结构,两端压有金属帽电极。具有包装使用方便、装配密度高、噪声电平和三次谐波失真低等特点,使用十分广泛。目前主要有碳膜ERD型、高性能金属膜ERO型和跨接用0 Ω电阻器3种	圆柱形电阻器的电阻值采用色环标注法标注于电阻器的圆柱体表面,识读与引线电阻器的色环标注方法相同

续表

种类	实物外形	结构特点	参数识读
小型固定电阻阵列		小型固定电阻阵列（排阻）实际上是将几个或多个单独的电阻按一定的配置要求连接成一个组合元件，按结构不同可分为小型扁平封装型（SOP）电阻阵列、芯片功率型电阻阵列、芯片载体型电阻阵列和芯片阵列型电阻网络4种	小型固定电阻器（排阻）的阻值参数标注识读与矩形片状电阻器相同,应注意的是标示为"0"或"000"的排阻阻值为0 Ω,这种排阻实际上是跳线（短路线） 一些精密排阻采用四位数字加一个字母的标示方法（或者只有四位数字）。前三位数字分别表示阻值的百位、十位、个位数字,第四位数字表示前面3个数字乘10的 N 次方（或加0的个数）,单位为欧姆,数字后面的英文字母代表误差。如标示为"2341"的排阻的电阻为 $234×10^1 = 2\ 340\ \Omega$

活动二　贴片电阻器检测

学一学　贴片电阻器的检测与插孔电阻器检测方法、注意事项相同,一般使用万用表检测。固定贴片电阻器的检测是首先将两表笔分别与贴片电阻器的两电极端相接即可测出实际电阻值。如果所测量电阻值为0或者∞,则所测贴片电阻器可能已损坏。

1.万用表检测贴片电阻器的一些注意事项

①测试贴片电阻器时,手不要触及表笔与电阻器的导电部分,不要带电测电阻器。

②在线电阻器检测有一定的测量误差。

③万用表表笔要充分与贴片电阻器端电极充分接触。

④其他的如万用表要调零、挡位要正确等注意事项与检测插孔电阻器要求一样。

2.小阻值贴片电阻器与贴片排电阻的检测技巧

小阻值贴片电阻器单独一个不好检测,因此,可把相同的贴片电阻器串接好测量它们的总电阻,然后除以总个数,就得到每个电阻器的阻值。

技能训练

说一说
说出图2-9中贴片电阻器的电阻值。

练一练
将贴片电阻器做标记,用万用表测其阻值并将测试结果填入表2-18中。

图 2-9　各种贴片电阻器

表 2-18　测试结果表

序号	标称阻值	万用表量程	测试阻值
1			
2			
3			
4			
5			

做一做

标出图 2-10 中排阻引脚的排列顺序。

图 2-10　排阻

知识拓展

排阻的相关知识

排阻的结构如图 2-11 所示。

排阻是一排电阻器的简称，它是由若干个参数完全相同的电阻器构成。它们的一个引脚都连到一起，作为公共引脚，其余引脚正常引出，如图 2-12 所示。因此，如果一个排

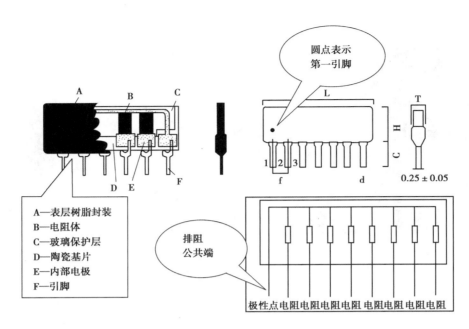

图 2-11　排阻的结构

阻是由 n 个电阻器构成的,那么它就有($n+1$)只引脚,一般来说,最左边的那个是公共引脚。它在排阻上一般用一个色点标出来。排阻一般应用在数字电路上,如作为某个并行口的上拉或者下拉电阻器用,使用排阻比用若干只固定电阻器更方便。

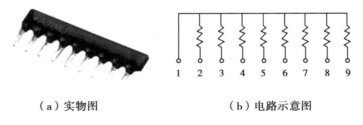

（a）实物图　　　　　　　　　（b）电路示意图

图 2-12　排阻实物图及电路示意图

排阻具有方向性,与色环电阻器相比,它具有整齐、少占空间的优点;与普通电阻器相比,它简化了 PCB 的设计、安装,减小空间,保证焊接质量。

排阻引脚的说明如图 2-13 所示,1 与 a,2 与 b,3 与 c,4 与 d 之间的电阻器都相同,与其他的管脚没有任何关系,就是一排电阻器,做在了一个元件上。

图 2-13　排阻引脚

贴片电阻器
发展趋势

学习评价

表 2-19　任务四学习评价表

评价项目	评价权重	评价内容		评分标准	自评	互评	师评
学习态度	20%	出勤与纪律	①出勤情况 ②课堂纪律	10 分			
		学习参与度	团结协作、积极发言、认真讨论	5 分			
		任务完成情况	①技能训练任务 ②其他任务	5 分			
专业理论	30%	贴片电阻器种类参数识读	贴片电阻器有哪几种	15 分			
			如何识读贴片电阻器参数	15 分			
专业技能	40%	识读贴片电阻器参数	给定各种贴片电阻器,识读其电阻值	20 分			
		贴片电阻器检测	①测试给定贴片电阻器阻值 ②判断排阻引脚顺序,并进行阻值测试	20 分			
职业素养	10%	注重文明、安全、规范操作、善于沟通、爱护财产,注重节能环保		10 分			
综合评价							

项目技能考核评价标准

电阻器和电位器的识别与检测技能考核评价标准表

姓　名			日　期		指导教师	
考核评价地点				考核评价时间		1 h
评价内容、要求、标准						
评价内容	评价要求		配分	评价标准		得分
电阻器类型及参数识读	在电路板或混合元件袋中选出 10 只电阻器,根据电阻体表面标注说出电阻器材料、参数标注方法及参数值		20 分	每正确 1 只给 2 分		

续表

评价内容	评价要求	配分	评价标准	得分
色环电阻器参数识读	任选 10 只色环电阻器,判别每只色环电阻器的色环顺序,读出其参数	20 分	每正确 1 只给 2 分	
电位器参数识读	选 5 只电位器分别指出其材料、类别、参数标注方法及参数值	10 分	每正确 1 只给 2 分	
电阻器阻值检测	任选 10 只电阻器,用万用表检测其阻值	20 分	测试与读数方法正确每次给 2 分	
敏感电阻器阻值检测	指认敏感电阻器种类及其参数,并进行检测判断	5 分	对不同敏感电阻器的正确检测,每只给 1 分	
电位器阻值检测	任选 5 只电位器进行阻值测试和性能判别	10 分	每正确 1 只给 2 分	
贴片电阻器识读	任选 5 只贴片电阻器进行参数识读	5 分	每正确 1 只给 1 分	
职业素养	注重文明、安全、规范操作,善于沟通、爱护财产,注重节能环保	10 分	出现安全事故扣 10 分。损坏仪表或元器件扣 10 分,违反操作规程扣 5 分,缺乏职业意识、无法解决实际问题、超过规定的时间等酌情扣分	

评价结论:

电容器的识别与检测

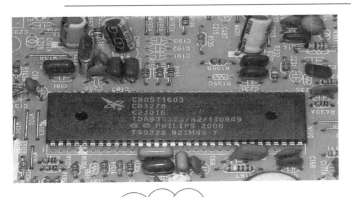

电动摩托车依靠蓄电池储存电能作动力源，电子元器件是否也能储存电能呢？在信号传输中，既有交流信号，又有直流信号，有什么办法能将两种信号分开呢？

书不记，熟读可记；
义不精，细思可精；
惟有志不立，直是无着力处。
——朱熹

【知识目标】

● 能识读电容器并画出电容器的常见符号。
● 能描述电容器的作用、种类及参数。

【技能目标】

● 能识别不同的电容器（固定电容器、可变电容器、半可变电容器及贴片电容器等）。
● 会根据电容器的不同标注识读其参数。
● 会选用电容器并进行质量检测。

【素养目标】

● 精准识读、规范操作，具有精益求精的工匠精神。
● 具有创新思维，养成不断探索的意识

任务一　认识电容器

任务描述

电子产品生产、制作中需要用到各种各样的电容器,它们在电路中分别起着不同的作用。电容器通常简称为电容,用字母 C(Capacitance 的缩写),它是电子产品中应用最多的元器件之一。我们首先必须清楚地认识不同类型的电容器的外形结构,学会识别电容器表面标志的含义,了解其相关参数,然后才能灵活地选用合适的电容器,发挥电容器在电子电路中应有的作用。

任务分析

电容器的种类较多,形状各异,用途广泛,是一种能储存电能的电子元件,在交直流电路中发挥着至关重要的作用。本任务就是通过观察电容器,了解电容器的命名规则、作用、种类、参数及参数标注方法,从而认识电容器。

任务实施

电容器是一种储存电荷的元件,在电子线路中,电容器用来通过交流而阻隔直流(隔真通交),也用来存储和释放电荷以充当滤波器,平滑输出脉动信号。

活动一　认识电容器型号命名及电容器种类、符号

记一记　电容器型号及命名规则:国产电容器型号命名由 4 个部分构成。各部分的含义见表 3-1。其命名规则如下所示。

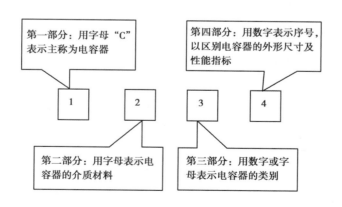

表 3-1 电容器型号命名及含义

第一部分：主称		第二部分：介质材料		第三部分：类别				
字母	含义	字母	含义	数字或字母	含义			
					瓷介电容器	云母电容器	有机电容器	电解电容解
C	电容器	A	钽电解	1	圆形	非密封	非密封	箔式
		B	聚苯乙烯等非极性有机薄膜	2	管形	非密封	非密封	箔式
				3	叠片	密封	密封	烧结粉,非固体
		C	高频陶瓷	4	独石	密封	密封	烧结粉,固体
		D	铝电解	5	穿心		穿心	
		E	其他材料电解	6	支柱等			
		G	合金电解					
		H	纸膜复合	7				无极性
		I	玻璃釉	8	高压	高压	高压	
		J	金属化纸介	9			特殊	特殊
		L	涤纶等极性有机薄膜	G	高功率型			
				T	叠片式			
		N	铌电解	W	微调型			
		O	玻璃膜					
		Q	漆膜	J	金属化型			
		T	低频陶瓷					
		V	云母纸	Y	高压型			
		Y	云母					
		Z	纸介					

例如,圆片形瓷介电容器型号如下：

第四部分：序号
第三部分：特征分类（圆片）
第二部分：材料（瓷介质）
第一部分：主称（电容器）

读一读 电容器种类较多,分类方式见表3-2。常用电容器种类及符号见表3-3。

表3-2 常用电容器的分类

按结构分类	按所用介质材料分类	按极性分类
固定电容器、微调电容器、可变电容器	气体介质电容器、液体介质电容器、无机固体介质电容器、有机固体介质电容器	有极性电容器、无极性电容器

表3-3 常用电容器的种类及符号

种类	符号	实物图片	说　明
铝电解电容器	+⊢		它是由铝圆筒做负极,里面装有液体电解质,插入一片弯曲的铝带做正极制成。还需要经过直流电压处理,使正极片上形成一层氧化膜做介质。它的特点是容量大,但是漏电大,误差大,稳定性差,常用作交流旁路和滤波,在要求不高时也用于信号耦合。电解电容有正、负极之分,使用时不能接反
钽电解电容器			它用金属钽做正极,用稀硫酸等配液做负极,用钽表面生成的氧化膜做介质制成。它的特点是体积小、容量大、性能稳定、寿命长、绝缘电阻大、温度特性好。用在要求较高的设备中。目前,多数钽电解电容都用贴片式
玻璃釉电容器	⊣⊢		以玻璃薄膜为介质,用金属箔或烧渗金属层作电极,经叠压煅烧成整体密封结构。用不同配方的玻璃介质可制成具有不同电性能的电容器,具有瓷介电容器的优点,且体积更小,耐高温
陶瓷电容器			用陶瓷做介质,在陶瓷基体两面喷涂银层,然后烧成银质薄膜做极板制成。它的特点是体积小,耐热性好、损耗小、绝缘电阻高,但容量小,适宜用于高频电路。铁电陶瓷电容容量较大,但是损耗和温度系数较大,适宜用于低频电路

种类	符号	实物图片	说　明
薄膜电容器			结构和纸介电容相同,介质是涤纶或者聚苯乙烯。涤纶薄膜电容,介电常数较高,体积小,容量大,稳定性较好,适宜做旁路电容。聚苯乙烯薄膜电容,介质损耗小,绝缘电阻高,但是温度系数大,可用于高频电路
云母电容器	—||—		用金属箔或者在云母片上喷涂银层做电极板,极板和云母一层一层叠合后,再压铸在胶木粉或封固在环氧树脂中制成。它的特点是介质损耗小,绝缘电阻大、温度系数小,适宜用于高频电路
纸介电容器			用两片金属箔做电极,夹在极薄的电容纸中,卷成圆柱形或者扁柱形芯子,然后密封在金属壳或者绝缘材料(如火漆、陶瓷、玻璃釉等)壳中制成。它的特点是体积较小,容量可以做得较大。但是有固有电感和损耗都比较大,用于低频比较合适
半可变电容	—|⁄|—		半可变电容器也称微调电容器。它是由两片或者两组小型金属弹片,中间夹着介质制成。调节的时候改变两片之间的距离或者面积。它的介质有空气、陶瓷、云母、薄膜等
可变电容器	—|⁄|—		它由一组定片和一组动片组成,它的容量随着动片的转动可以连续改变。把两组可变电容装在一起同轴转动,称为双联电容器。可变电容的介质有空气和聚苯乙烯两种。空气介质可变电容体积大,损耗小,多用在电子管收音机中。聚苯乙烯介质可变电容做成密封式的,体积小,多用在晶体管收音机中
贴片电容器	—||— +—||—		贴片电容器(Multi-layer Ceramic Capacitors,MLCC)也称SMD电容、表面安装电容器。外表通常为黄色、黑色、淡蓝色、贴片电解电容:黄色、白色、红色或者紫色,一端有一条白色带或有一条较窄的暗条,表示该端为正极。特点是体积小,质量轻、电性能稳定,可靠性高、装配成本低,并与自动装贴设备匹配,机械强度高、频率特性优越

活动二　电容器参数及标注方法

读一读　电容器的主要参数有标称容量(简称容量)、允许偏差、额定电压、漏电流、绝缘电阻、损耗因数、温度系数及频率特性等。选择使用电容器的关键是知道其参数。电容器的主要参数见表3-4。

表3-4　电容器的主要参数

参　数	含　义	说　明
标称容量	标称容量是指标注在电容器上的电容量	电容器用字母"C"表示,其国际单位是法拉(F),比法拉小的单位还在毫法(mF)、微法(μF)、纳法(nF)、皮法(pF)它们的关系为 $1\ F = 10^3\ mF = 10^6\ \mu F = 10^9\ nF = 10^{12}\ pF$
允许偏差(或误差)	允许偏差是指电容器的标称容量与实际容量之间的允许最大偏差范围	电容器的容量偏差与电容器介质材料及容量大小有关。电解电容器的容量较大,误差范围大于±10%,而云母电容器、玻璃釉电容器、瓷介电容器及各种无极性高频在机薄膜介质电容器(如涤纶电容器、聚苯乙烯电容器、聚丙烯电容器等)的容量相对较小,误差范围小于±20%
额定电压	额定电压也称电容器的耐压值,是指电容器在规定的温度范围内,能够连续正常工作时所能承受的最高电压	在实际应用时,电容器的工作电压应低于电容器上标注的额定电压值,否则会造成电容器因过压而击穿损坏
绝缘电阻	绝缘电阻也称漏电阻,它与电容器的漏电流成反比	漏电流越大,绝缘电阻越小。绝缘电阻越大,表明电容器的漏电流越小,质量也越好
漏电流	电容器的介质材料不是绝对绝缘体,它在一定的工作温度及电压条件下,也会有电流通过,此电流即为漏电流	一般电解电容器的漏电流略大一些,而其他类型电容器的漏电流较小

电解电容识读

电容器参数识读

看一看　电容器的参数常标注在电容器表面上,常用的标注方法有直标法、数码法、数字法、文字符号法及色标法等。

1.直标法

直标法是将电容器的主要参数(标称电容量、额定电压及允许偏差)直接标注在电容器上,一般用于电容器或体积较大的有极性电容器(见图3-1)。

2.数码法

数码法一般是用3位数字表示电容器的容量。其中,前两位数字为有效值数字,第三位数字为倍乘数(即表示有效值后加0个数),单位为pF(见图3-2)。

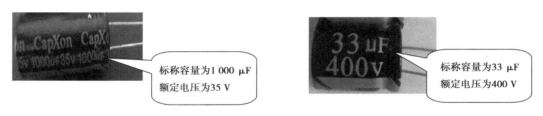

图 3-1　直标法

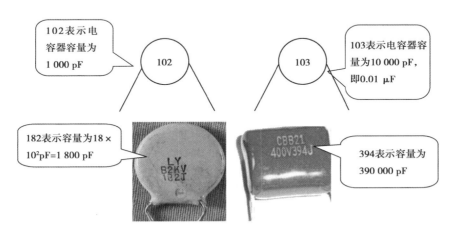

图 3-2　数码法

3.数字法

用数字表示(大于 3 位或小于 3 位的整数或小数),整数时单位是 pF,带小数时单位是 μF(见图 3-3)。

图 3-3　数字法

4.色标法

电容器的色标法与电阻器色标法相似,单位为pF,色码的识读方法是从顶部向引脚方向识读(见图3-4)。

5.文字符号法

文字符号法是用数字和字母有规律地组合标注在电容器的表面来表示电容器参数。进口电容器在标注参数值时不用小数点,而是将整数部分写在字

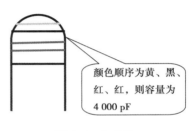

图 3-4　色标法

母之前,将小数部分写在字母后面,用 P,n,μ,m,F 等字母表示有效数后面的量级。用字母 J,K,M,D,F,G 表示误差等级,分别为±5％,±10％,±20％,±0.5％,±1％,±2％(见图 3-5)。

图 3-5　文字符号法

技能训练

说一说
①电容器的标注方式有哪几种?
②电容器按照结构可分为哪几类? 按极性又可分为哪几类?
③数码表示法与数字表示法有何区别?

做一做
根据表 3-5 给出的条件将表中的内容填写完整。

表 3-5　电容器参数识读

序号	电容器容量标志	参数表示法	电容量	误　差
1	2P2			
2	6n8			
3	109			
4	104			
5	0.22			
6	P33			
7	10n			
8	7/27			
9	220			
10	15			

练一练

将工位上的 10 只电容器做好序号标记后识读,并将相关参数填入表 3-6 中。

表 3-6 电容器参数识读练习

序号	参数标注法	电容量	种 类
1			
2			
3			
4			
5			
6			
7			
8			
9			
10			

知识拓展

电容器诞生记

1746 年,荷兰莱登大学的物理学家马森布洛克发明了一种具有蓄电功能的"condenser"电容器。由于该电容器诞生在荷兰都市莱登,人们将其称为"莱顿瓶(Leyden jar)",由此开始了人类使用电容器的历史。

莱顿瓶的发明,为科学界提供了一种储存电的有效方法,为进一步深入研究电现象提供了一种新的强有力的手段,对电知识的传播与发展起了重要作用。当时改进后的莱顿瓶是这样的,把玻璃瓶的内壁与外壁都用金属箔贴上,在莱顿瓶顶盖上插一根金属棒,它的上端连接一个金属球,它的下端通过金属链与内壁相连。这样莱顿瓶实际上是一个普通的电容器。若把它的外壁接地,而金属球连接到电荷源上,则在莱顿瓶的内壁与外壁之间会积聚起相当多的电荷,当莱顿瓶放电时可以通过相当大的电流。

中国的
超级电容

学习评价

表 3-7　任务一学习评价表

评价项目	评价权重	评价内容		评分标准	自评	互评	师评
学习态度	20%	出勤与纪律	①出勤情况 ②课堂纪律	10分			
		学习参与度	团结协作、积极发言、认真讨论	5分			
		任务完成情况	①技能训练任务 ②其他任务	5分			
专业理论	30%	电容器的作用、种类、参数及参数标注方法	电容器在电路中有什么作用	5分			
			电容器的种类有哪些	10分			
			电容器有哪些参数	5分			
			电容器的参数标注方法有哪些	10分			
专业技能	40%	能识读电容器类型及参数	在电路板或各种混合电子元器件中认出10只电容器,识读出参数	40分			
职业素养	10%	注重文明、安全、规范操作、善于沟通、爱护财产,注重节能环保		10分			
综合评价							

任务二　检测电容器

任务描述

在电子产品中,电容器的应用十分广泛,检测电容器的质量非常重要。通常可用指针式万用表来检测电容器的绝缘电阻,观察充电、放电过程的方法来判断电容器的性能是否良好,也可用数字万用表直接测量电容器的电容量来判别电容器的质量。

任务分析

本任务将具体学习不同电容器的检测方法,通过实际操作和检测,学会使用万用表测试电容器的质量,了解检测电容器的一些基本方法、步骤及注意事项。

任务实施

活动一 常用电容器的检测

学一学 电容器种类很多,检测方法不一,让我们一起来学习常用电容器检测方法吧!

①普通电容器的检测步骤见表3-8。

表3-8 普通电容器检测步骤

步骤	图示	说明
选挡	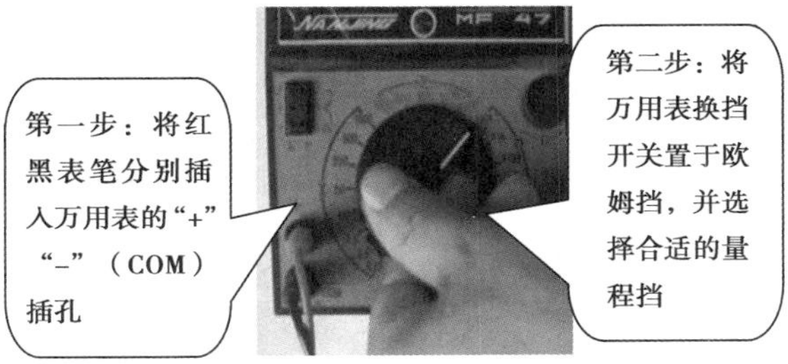 第一步:将红黑表笔分别插入万用表的"+""−"(COM)插孔 第二步:将万用表换挡开关置于欧姆挡,并选择合适的量程挡	选好插孔和转换开关的位置,红色为"+",黑色为"−"。表笔插入表孔时,一定要严格按照颜色和正负插入。左边转换开关旋至Ω,右边转换开关根据电容容量选择适当的量程(R×1 kΩ 或 R×10 kΩ)
调零	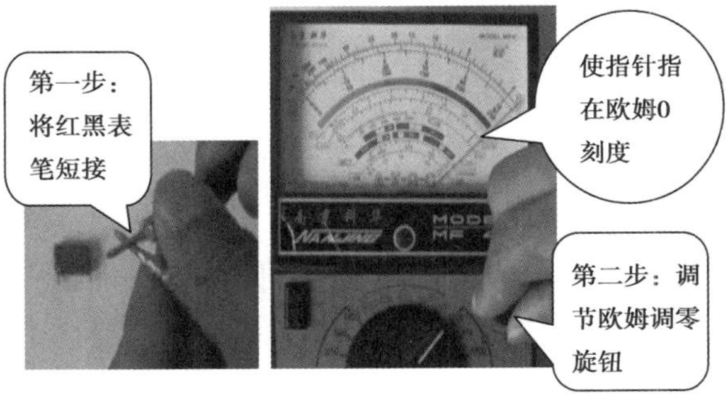 第一步:将红黑表笔短接 使指针指在欧姆0刻度 第二步:调节欧姆调零旋钮	选好量程再进行欧姆调零
放电	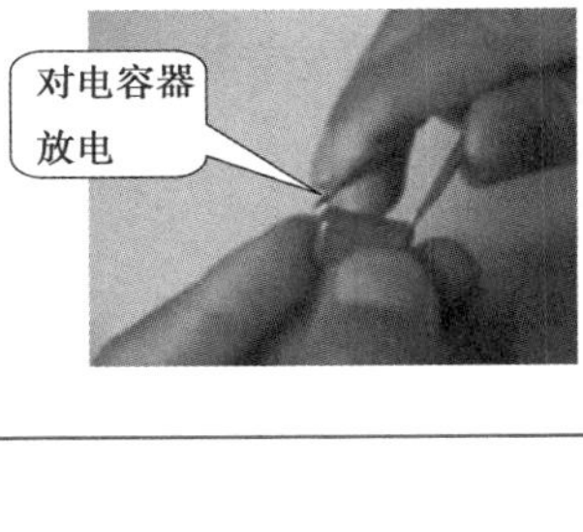 对电容器放电	用镊子对电容器短接放电,以免电容器里面存有电荷影响测量结果

续表

步骤	图　示	说　明
测试	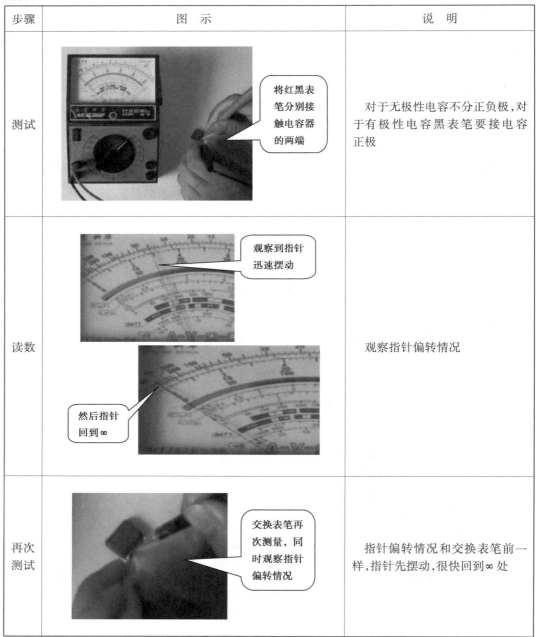 将红黑表笔分别接触电容器的两端	对于无极性电容不分正负极,对于有极性电容黑表笔要接电容正极
读数	观察到指针迅速摆动 然后指针回到∞	观察指针偏转情况
再次测试	交换表笔再次测量,同时观察指针偏转情况	指针偏转情况和交换表笔前一样,指针先摆动,很快回到∞处

　　②电解电容器的检测步骤见表3-9。

表 3-9　电解电容器检测步骤

步　骤	图　　示	说　明
清洁	清洁电解电容器两只引脚	用小刀刮掉电容器引脚的氧化物
选挡调零	第一步：将红黑表笔短接　使指针指在欧姆0刻度　第二步：调节欧姆调零旋钮	电解电容器的容量较一般固定电容大得多，因此测量时，应针对不同容量选用合适的量程。根据经验，一般情况下，1~47 μF 的电容可用 R×1 kΩ 挡测量，大于 47 μF 的电容可用 R×100 Ω 挡测量
放电	对电容器放电	用镊子对电容器放电或用小阻值电阻短接电容器两只引脚进行放电，以免电容器里面存有电荷影响测量结果
测试	正极　负极　红表笔接负极，黑表笔接正极	对于有极性电容黑表笔要接电容正极，电解电容在一般情况下引脚长的为正极，大多数电容器对正负极有标注。测试一次后交换表笔，再测试一次

续表

步　骤	图　示	说　明
观察判断	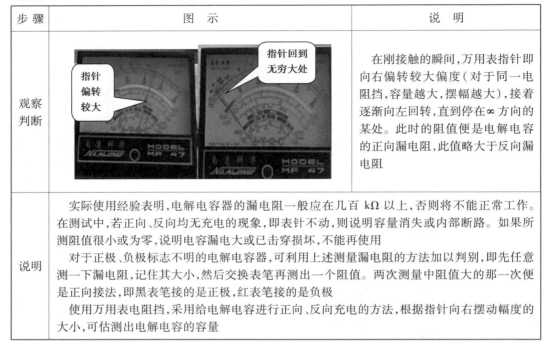	在刚接触的瞬间,万用表指针即向右偏转较大偏度(对于同一电阻挡,容量越大,摆幅越大),接着逐渐向左回转,直到停在∞方向的某处。此时的阻值便是电解电容的正向漏电阻,此值略大于反向漏电阻
说明	实际使用经验表明,电解电容器的漏电阻一般应在几百 kΩ 以上,否则将不能正常工作。在测试中,若正向、反向均无充电的现象,即表针不动,则说明容量消失或内部断路。如果所测阻值很小或为零,说明电容漏电大或已击穿损坏,不能再使用 对于正极、负极标志不明的电解电容器,可利用上述测量漏电阻的方法加以判别,即先任意测一下漏电阻,记住其大小,然后交换表笔再测出一个阻值。两次测量中阻值大的那一次便是正向接法,即黑表笔接的是正极,红表笔接的是负极 使用万用表电阻挡,采用给电解电容进行正向、反向充电的方法,根据指针向右摆动幅度的大小,可估测出电解电容的容量	

③其他电容器的检测方法见表3-10。

表3-10　其他电容器检测

检测类型	检测方法及说明
可变电容器的检测	用手轻轻旋动转轴,应感觉十分平滑,不应感觉有时松时紧甚至有卡滞的现象。将转轴向前后、上下、左右等各个方向推动时,转轴不应有松动的现象
	用一只手旋动转轴,另一只手轻摸动片组的外缘,不应感觉有任何松脱现象。转轴与动片之间接触不良的可变电容器,是不能再继续使用的
	将万用表置于 R×10 kΩ 挡,一只手将两个表笔分别接可变电容器的动片和定片的引出端,另一只手将转轴缓缓旋动几个来回,万用表指针都应在无穷大位置不动。在旋动转轴的过程中,如果指针有时指向零,说明动片和定片之间存在短路点。如果碰到某一角度,万用表读数不为无穷大而是出现一定阻值,说明可变电容器动片与定片之间存在漏电现象
电容器的断路(开路)、击穿(短路)检测	检测容量为 6 800 pF~1 mF 的电容器,用 R×10 kΩ 挡,红、黑表棒分别接电容器的两根引脚,在表棒接通的瞬间,应能见到表针有一个很小的摆动过程
	如若未看清表针的摆动,可将红、黑表棒互换一次后再测,此时表针的摆动幅度应略大一些。若在上述检测过程中表针无摆动,说明电容器已断路,若表针向右摆动一个很大的角度,且表针停在那里不动(即没有回归现象),说明电容器已被击穿或严重漏电

续表

检测类型	检测方法及说明
数字式万用表对电容器进行检测	利用带电容器测试功能的数字万用表可直接测出小容量电容器的电容值,根据被测电容的标称容值,选择合适的量程
	将被测电容器插入数字万用表 CAP 插孔中,万用表显示出被测电容器的电容值
检测注意事项	在检测时手指不要同时碰到两支表棒,以避免人体电阻对检测结果的影响。同时,检测大电容器如电解电容器时,由于其电容量大,充电时间长,因此当测量电解电容器时,要根据电容器容量的大小,适当选择量程,电容量越小,量程 R 越要放小,否则就会把电容器的充电误认为击穿

活动二 检测电容器注意事项和电容器的选用

读一读 在检测电容器的过程中,其注意事项见表 3-11。

表 3-11 检测电容器的注意事项

检测电容器注意事项	严禁在带电的状态下使用欧姆挡,以防损坏万用表
	用万用表欧姆挡 R×10 kΩ 测量电容时,电容器的耐压必须大于 10 V,才能用该挡进行测量,以免损坏元件
	在测量大容量电容(10 μF 以上)时,因其可能充有电荷,应先将电容器放电后再测
	指针式万用表只能测量电容器的漏阻以及估测其容量,实际电容量可用数字万用表或数字电桥等仪器测量

电容器选用基本原则见表 3-12。

表 3-12 选用电容器的基本原则

选用电容器的基本原则	选用电容器时,首先要满足电子设备对电容器主要参数的要求
	选用电容器时,要选用符合电路要求的类型
	选用电容器时,还要考虑电容器的外表和形状、体积
	根据使用环境条件进行选择,并考虑其成本

技能训练

做一做

将工位上的电容器做好序号标记后识读,并将测试结果填入表 3-13 中。

表 3-13 电容器识读

序号	电容器类型	电容器标称容量值	标称电容量误差
1			
2			
3			
4			
5			
6			
7			
8			

练一练

识读不同电容器参数,并用万用检测判别电容器好坏,将所得结果填入表 3-14—表 3-16中。

表 3-14 无极性电容识别检测

类别	编号	外观识别		万用表检测			好坏鉴别
		容量	误差	挡位	指针偏到最大角度时的阻值	指针左回到终点的阻值	
无极性电容	1						
	2						
	3						
	4						
	5						

表 3-15 电解电容器识别检测

类别	编号	外观识别		万用表检测			好坏鉴别
		容量	耐压	挡位	指针偏到最大角度时的阻值	指针左回到终点的阻值	
电解电容器	1						
	2						
	3						
	4						
	5						

表 3-16　可变电容识别检测

类别	编号	外观识别	万用表检测		好坏鉴别
		容量	挡位	指针偏到最大角度时的阻值	指针左回到终点的阻值	
可变电容	1					
	2					
	3					
	4					

知识拓展

超级电容器

　　超级电容器又称双层电容器,是一种新型储能装置,具有充电时间短、使用寿命长、温度特性好、节约能源和绿色环保等优点。超级电容器用途广泛,包括程控机、数码相机、掌上电脑等微小电流供电的后备电源。超级电容自面市以来,全球需求量迅速扩大,已成为化学电源领域内新的产业亮点。

　　超级电容器不仅从根本上改变了电动车在交通运输中的位置,也将改进风能、太阳能等间歇性能源利用的可能性,在满足人们对能源需求的同时,减少了对石油的依赖。超级电容器在汽车、电力、铁路、通信、国防、消费性电子产品等众多领域有着巨大的应用价值和发展潜力,被世界各国广泛关注,行业前景可期。尚普咨询电子行业分析师认为,超级电容产业受到广大消费者青睐主要得益于以下 5 个方面:

　　①超级电容器电阻很小。

　　②超级电容器寿命超长。

　　③超级电容器安全可靠。

　　④超级电容器充电快速。

　　⑤超级电容储能巨大。

　　超级电容器的用途决定了其战略价值,随着我国经济结构调整的深入及产业扶持政策的出台,将大大促进该战略性产品上下游产业链的发展。目前超级电容器行业还处于起步阶段,其未来的发展空间还很大。未来超级电容器的最主要领域将集中于交通域和智能电网领域,由于其技术壁垒较高,有望获得较高的超额收益。

最美奋斗者

王崇伦

学习评价

表 3-17　任务二学习评价表

评价项目	评价权重	评价内容		评分标准	自评	互评	师评
学习态度	20%	出勤与纪律	①出勤情况 ②课堂纪律	10分			
		学习参与度	团结协作、积极发言、认真讨论	5分			
		任务完成情况	①技能训练任务 ②其他任务	5分			
专业理论	30%	电容器的检测及选用	说出固定电容器检测方法有哪些？	10分			
			怎样判别电容器的极性？说出电解电容的检测方法有哪些？	10分			
			电容器选用注意事项和检测注意事项有哪些？	10分			
专业技能	40%	会检测固定电容器	指定 5 只电容器检测并记录测试结果，判别其质量	15分			
		会检测电解电容器	指定 5 只电解电容器检测并记录测试结果，判别其质量	15分			
		会判断电容器极性	指定 10 只电容器，检测电容器极性，并记录测试结果	10分			
职业素养	10%	注重文明、安全、规范操作、善于沟通、爱护财产，注重节能环保		10分			
综合评价							

项目技能考核评价标准

电容器的识别与检测技能考核评价标准表

姓　　名		日　　期		指导教师	
考核评价地点				考核评价时间	1 h
评价内容、要求、标准					
评价内容	评价要求	配分	评价标准		得分
普通电容器类型及参数识读	在电路板或混合元件袋中选出 10 只电容器,根据电容器表面标注说出电容器材料、参数标注方法及参数值	20分	每正确 1 只给 2 分		
电解电容的参数识读	任选 10 只电解电容,读出其参数	20分	每正确 1 只给 2 分		
固定电容器的检测	指定 10 只电容器检测,并记录测试结果,判别其质量	20分	测试与读数方法正确每次给 2 分		
电解电容器的检测	指定 5 只电解电容器检测,并记录测试结果,判别其质量	10分	每正确 1 只给 2 分		
电解电容器极性的检测	指定 10 只电容器,检测电容器极性,并记录测试结果	20分	对不同电容器的正确检测,每只给 2 分		
职业素养	注重文明、安全、规范操作,善于沟通、爱护财产,注重节能环保	10分	出现安全事故扣 10 分。损坏仪表或元器件扣 10 分,违反操作规程扣 5 分,缺乏职业意识、无法解决实际问题、超过规定的时间等酌情扣分		
评价结论:					

电感器的识别与检测

电容器是一种储能元件，电子元件中还有没有其他储能元件呢？电容器能隔直通交，有没有电子元器件能隔交通直呢？

读书使人充实，讨论使人机智，笔记使人准确……读史使人明智，读诗使人灵秀，数学使人周密，科学使人深刻，伦理使人庄重，逻辑修辞使人善辩。凡有所学，皆成性格。

——培根

【知识目标】

● 能识读电感器并画出电感器的常见符号。
● 能描述电感器的作用、种类及参数。
● 能说出电感器的检测方法与代换原则。

【技能目标】

● 能根据电感器的标注识读其参数。
● 能用万用表检测电感器并判别好坏。
● 能识别贴片电感器，并能根据标注识读其参数。

【素养目标】

● 遵守各种行为规范和安全操作规范，具有良好的组织纪律。
● 认知团队中不同角色和各自的责任，具有担当意识和团结协作意识。

任务一 认识电感器

任务描述

具有电磁感应作用的电子器件称为电感器,简称电感(Inductor),用字母 L 表示。它一般由导线绕成线圈构成,故又称为电感线圈。它在电路中,完成阻流、变压、传送信号、谐振及阻抗变换等功能,是一种常用的储能元件。它能将电能转变为磁场能,并在磁场中储存能量。

任务分析

电感器的种类较多,外部特征各有不同,只有通过对电感器表面的型号、参数的识别,才能灵活地使用各种电感器,发挥电感器在电路中应有的功能。本任务就是通过观察电感器,了解电感器的作用、种类、参数及参数标注方法。

任务实施

活动一 认识电感器的型号命名及电感器种类、符号

记一记 电感器的命名规则各厂家有所不同,国内比较常见的命名方式有以下两种:

①由 4 个部分构成,其命名规则如下所示。

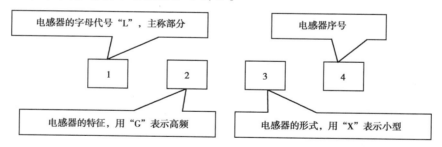

②由 3 个部分构成,其命名规则如下所示。

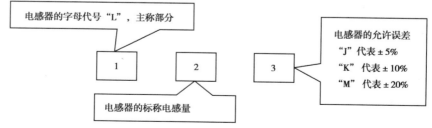

读一读 常用电感器(电感线圈)种类、符号、特点及外形见表4-1。

表 4-1　电感线圈的种类、符号、特点及外形

种类		符号	特点	实物图	说明
固定电感线圈	空心线圈		电感量固定,它具有体积小、质量轻、结构牢固、安装方便等优点		电感线圈有小型固定电感、空心线圈、扼流圈及变压器等,有密封式和非密封式两种,结构上有立式和卧式之分,在电路中各有不同的作用
	铁芯线圈				
	磁芯线圈				
可变电感线圈			通过调节磁芯(铁芯)的位置来改变电感量		为可调和微调两种,常与电容构成调谐、振荡电路,用作频率补偿线圈、阻波线圈等
贴片电感器			轻、薄、小型,高效集成		电感器作为电路系统中不可缺少的一个组件,小型化将会是大部分电子设备的发展方向

活动二　电感器的参数及参数标注方法

读一读　电感器的主要参数见表 4-2。

表4-2　电感器的参数

参　　数	说　　明
标称电感量	电感量也称自感系数,它反映电感线圈存储磁场能的能力,也反映电感器通过变化电流时产生感应电动势的能力,单位为亨(H)。实际使用的单位还有毫亨(mH)和微亨(μH),其关系为:$1\,H = 10^3\,mH = 10^6\,μH$。电感量的大小与线圈的圈数、绕制方式及磁芯材料等因素有关,与电流大小无关。圈数越多,绕制的线圈越集中,则电感量越大。线圈内有磁芯的比无磁芯的电感量大、磁芯磁导率大的电感量大
允许偏差	允许偏差是指电感器上标称的电感量与实际电感量的允许误差值。一般用于振荡或滤波等电路中的电感器要求精度较高,允许偏差为±0.2%～±0.5%;而用于耦合、高频阻流等线圈的精度要求不高,允许偏差为±10%～±15%
品质因数	品质因数也称Q值或优值,是衡量电感器质量的主要参数。它是指电感器在某一频率的交流电压下工作时,所呈现的感抗($X_L = 2πfL$)与其等效损耗电阻之比,即$Q = X_L/R$。电感器的Q值越高,其损耗越小,效率越高。电感器品质因数的高低与线圈导线的直流电阻、线圈骨架的介质损耗及铁芯、屏蔽罩等引起的损耗有关
分布电容	分布电容又称固有电容,是指线圈的匝与匝之间、线圈与磁芯之间存在的电容。它是导致品质因数下降的主要原因。电感器的分布电容越小,其稳定性越好
额定电流	额定电流是指电感器在正常工作时所允许通过的最大电流值。若工作电流超过额定电流,则电感器就会因发热而使性能参数发生改变,甚至还会因过流而烧毁

看一看　电感器的参数标注一般有直接标注法、色码标注法、文字符号标注法及数码标注法等。

1.直标法

直接标注法是将电感器的标称电感量、允许偏差等主要参数直接标注在电感线圈的外壳上。同时,还用字母A,B,C,D,E表示电感线圈的额定电流值,分别表示为50 mA,150 mA,300 mA,700 mA,1 600 mA;用Ⅰ,Ⅱ,Ⅲ表示允许误差,分别表示±5%,±10%,±20%(见图4-1)。

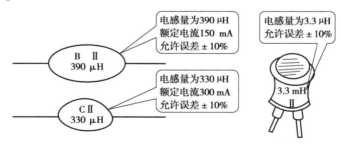

图4-1　直标法

2.色码标注法

色码标注法与电阻器的四环色标注法相同(色环代表的数和判断方向同电阻器一样),第一条和第二条色环所对应的数字为电感量的有效数字,第三条色环表示倍率(或后面加 0 的个数),第四条色环表示允许偏差,单位为 μH(见图 4-2)。

色环顺序：棕、黑、红、银
电感量：1 000 μH
误差：±10%

图 4-2　色码标注法

3.文字符号标注法

电感器的文字符号标注法同样是用单位的文字符号表示的。当单位为 μH 时,用 R 作为电感器的文字符号,允许误差用字母 J,K,M 表示,分别表示±5%,±10%,±20%,其他与电阻器的标注相同(见图 4-3)。

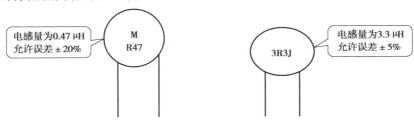

电感量为0.47 μH
允许误差 ±20%

M
R47

3R3J

电感量为3.3 μH
允许误差 ±5%

图 4-3　文字符号标注法

4.数码标注法

数码标注法与电阻器的数码标注法一样,前面的两位数为有效数,第三位数为零的个数或倍率(10^N),单位为 μH(见图 4-4)。

电感量：
$10×10^2$ μH,
即1 000 μH

电感量：
$47×10^1$ μH,
即470 μH

图 4-4　数码标注法

技能训练

说一说

说出下列电感器型号命名规则及参数:
①LGX-B-560 μH-±10%。
②LGXA03。

读一读

将表 4-3 中实物图片的参数读出,并按要求填入表中。

表 4-3　电感器参数识读

实物图片	参　数	实物图片	参　数
271		R68	
F 821J			
E203			

认一认

根据图 4-5 电路的实物图（或一块电子产品主板），指出至少 10 只认识的电子元器件。将其编号按要求填入表 4-4 中。

图 4-5　电路实物图

表 4-4　电子元器件识别

序号	元件名称	参数或作用
1		
2		
3		
4		
5		
6		
7		
8		
9		
10		

知识拓展

认识变压器

1.变压器作用和结构

变压器实质上是一种电感器,它是利用电磁感应原理传输电能或信号的器件。在结构上,它是将两组或两组以上的线圈绕在同一个线圈骨架上,或绕在同一铁芯上制成。在电路中,它主要用来进行电压(电流)变换、阻抗变换、隔离等,是电子产品常用的元器件,在电工技术、电子技术和自动控制中被广泛应用。

常用的变压器有电力变压器、调压变压器、自耦变压器、特种变压器、中频变压器、音频变压器、高频变压器及脉冲变压器等多种,如图4-6所示。

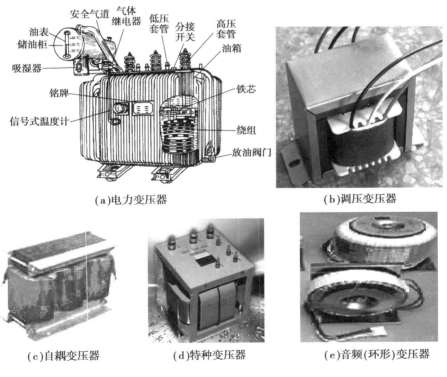

(a)电力变压器　　　　　　　　　(b)调压变压器

(c)自耦变压器　　　　(d)特种变压器　　　　(e)音频(环形)变压器

图4-6　常见变压器

在不同频率中工作的变压器,虽然在具体结构、外形、体积上有很大差异,但它们都是由绕组(线圈)和铁芯两部分构成。

绕组(线圈)是变压器的电路部分,担负着电能输入、输出的功能。它是由具有良好绝缘的漆包线、纱包线或丝包线绕制而成。在工作时,与电源相连的绕组称为原边绕组(也称初级绕组或一次绕组),而与负载相连的绕组称为副边绕组(也称次级绕组或二次绕组)。通常将电压较低的绕组安装在靠近铁芯柱的内层,电压较高的绕组安装在低压绕组的外面,而且绕组的区间和层间要绝缘良好,绕组和铁芯、不同绕组之间必须绝缘良好,为了提高变压器的绝缘性能,在制造时要进行去潮处理(烘干、灌蜡、密封等)。

铁芯是变压器的磁路部分,为了减小涡流和磁滞损耗,铁芯用磁导率高且相互绝缘的硅钢片叠装而成。硅钢片的厚度一般为 0.35～0.5 mm,且表面涂有绝缘漆膜。根据铁芯的构造不同,变压器又可分为芯式和壳式两种,如图 4-7 所示。

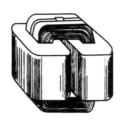 

(a)芯式变压器　　　　　　　　(b)壳式变压器

图 4-7　芯式和壳式变压器

变压器工作时,绕组和铁芯都会发热,因此要采取相应的冷却措施。对于小容量变压器多采用空气冷却方式,对大容量变压器则采用油浸自冷、油浸风冷或强迫循环风冷等方式,同时要考虑工作环境的电磁屏蔽作用。

2.变压器的工作原理

变压器能将某一数值的交流电变换成频率相同而电压大小不同的交流电。其工作分为空载运行和负载运行,原理图如图 4-8 所示。常用符号 T 或 B 表示。当变压器的原绕组加上电压,而副绕组开路(不接负载)时,称为空载运行;当变压器原绕组接上电压,副绕组接上负载工作时,称为负载运行。

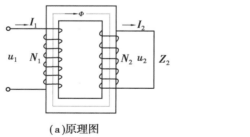

(a)原理图　　　　　　　　　　(b)电路符号

图 4-8　变压器原理图

设原边绕组匝数为 N_1,其电压为 U_1,流过的电流为 I_1,等效阻抗为 Z_1;副边绕组匝数为 N_2,其电压为 U_2,流过的电流为 I_2,负载阻抗为 Z_2。则原绕组与副绕组之间的电压、电流及阻抗之间的关系见表 4-5。

电磁感应
原理在生活
中的应用

表 4-5 原绕组与副绕组的电压、电流、阻抗之间的关系

项 目	关系式	含 义	说 明
变压比 n	$\dfrac{U_1}{U_2}=\dfrac{N_1}{N_2}=n$	变压器原、副绕组的电压之比等于原副绕组的匝数之比	当 $n>1$ 时,此变压器为降压变压器 当 $n<1$ 时,此变压器为升压变压器
变流比	$\dfrac{I_1}{I_2}=\dfrac{U_2}{U_1}=\dfrac{N_2}{N_1}=\dfrac{1}{n}$	变压器工作时,原、副绕组中的电流与原、副绕组的匝数或电压成反比	变压器电压高的绕组匝数多通过的电流小,可用细导线绕制,而电压低的绕组匝数少通过的电流大,应用较粗的导线绕制
阻抗变换	$Z_1=n^2 Z_2$	变压器副绕组接上负载 Z_2 后,就相当于使电源直接接上一个阻抗为 $n^2 Z_2$ 的负载	在电工电子技术中,利用变压器的阻抗变换作用,可使负载获得最大功率

学习评价

表 4-6 任务一学习评价表

评价项目	评价权重	评价内容		评分标准	自评	互评	师评
学习态度	20%	出勤与纪律	①出勤情况 ②课堂纪律	10 分			
		学习参与度	团结协作、积极发言、认真讨论	5 分			
		任务完成情况	①技能训练任务 ②其他任务	5 分			
专业理论	30%	电感器种类、常用符号及参数	电感器的种类有哪些	10 分			
			画出电感器常用符号	10 分			
			电感器有哪些参数	10 分			
专业技能	40%	能识读电感器类型及参数	在电路板或各种混合电子元器件中认出电感器,识读出参数	25 分			
		能识读贴片电感器参数	给定贴片电感器,准确识读出参数	15 分			
职业素养	10%	注重文明、安全、规范操作、善于沟通、爱护财产,注重节能环保		10 分			
综合评价							

任务二　检测电感器

任务描述

在知道电感器的作用、参数后,在实际电子产品维护中有时需要对电感器进行检测、选用或更替代换。准确测量电感器的电感量和品质因数 Q,可使用万能电桥或 Q 表,或采用具有电感挡的数字万用表检测。电感器是否开路或局部短路,以及电感量的相对大小可用指针式万用表做出粗略检测和判断。

任务分析

本任务就是通过观察电感器实物并检查判断电感器是否损坏,通过用指针式万用表对电感器的检测,了解电感器的检测方法、步骤及注意事项。

任务实施

活动一　外观检查

看一看　在检测电感器时,先进行外观检查,观察线圈有无松散,引脚有无折断,线圈是否烧毁或外壳是否烧焦,等等。若有上述现象,则表明电感器已损坏。

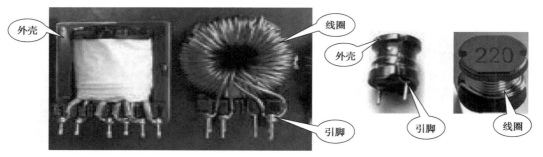

图 4-9　电感器

活动二　万用表电阻法检测

学一学

1.电感器通断检测

用万用表的欧姆挡测电感线圈的直流电阻。电感器的直流电阻值一般很小,匝数多、线径细的线圈能达几十欧。对于有抽头的线圈,各引脚之间的阻值均很小,仅有几欧左右。若用万用表 R×1 Ω 挡测量线圈的直流电阻,阻值无穷大说明线圈(或与引出线间)已经开路损坏;阻值比正常值小很多,则说明有局部短路;阻值为零,说明线圈完全短路。

2.绝缘性能检测

将万用表置于 R×10 kΩ 挡,根据不同的电感器件,测试其绕组与绕组之间、绕组与磁芯或金属外壳之间的电阻值,其阻值为无穷大则正常。如果阻值为一个不是无穷大的具体值,说明有漏电现象;如果阻值为零,说明有短路性故障。

检测色码电感时,将万用表置于 R×1 Ω 挡,红、黑表笔接色码电感的引脚,此时指针应向右摆动。根据测出的阻值判别电感好坏:

①阻值为零,内部有短路性故障;阻值为无穷大,内部开路。

②只要能测出电阻值,电感外形、外表颜色又无变化,可认为是正常的。

采用具有电感挡的数字式万用表检测电感时,将数字式万用表量程开关置于合适电感挡,然后将电感引脚与万用表两表笔相接即可从显示屏显示出电感的电感量。若显示的电感量与标称电感量相近,则说明该电感正常;若显示的电感量与标称电感量相差很多,则说明电感不正常。

技能训练

练一练

找一只中周,画出其引脚连接图,做好引脚标号,测出各脚之间的电阻值。

做一做

找一直径粗细不一样的漆包线各 100 mm,分别自制成线圈,然后用万用表测其电阻值。

测一测

对给定电感器做好标记,在进行阻值测试后将测试结果填入表 4-7 中,并进行质量判断。

表 4-7　电感器检测

序号	种　类	万用表量程	测得电阻值	质量判断(好或坏)
1				
2				
3				
4				
5				

知识拓展

电感器的选用与代换

电感器的选用与代换原则是:相关的电感量、额定电流、品质因数、外形尺寸等性能参

高温超导
高速磁浮
列车

数都要符合应用电路的要求。

　　一般在性能参数相符的前提下,小型固定电感器、色码电感器等可以相互代换使用。半导体收音机中的振荡线圈在性能参数相符的前提下,可使用其他类型的振荡线圈代换。收录机中的偏磁、消磁振荡线圈,只能使用同型号、同规格的线圈替换,否则相关电路不能正常工作。电视机中的偏转线圈在性能参数相符的前提下,可使用其他类型的偏转线圈代换。

学习评价

表 4-8　任务二学习评价表

评价项目	评价权重	评价内容		评分标准	自评	互评	师评
学习态度	20%	出勤与纪律	①出勤情况 ②课堂纪律	10 分			
		学习参与度	团结协作、积极发言、认真讨论	5 分			
		任务完成情况	①技能训练任务 ②其他任务	5 分			
专业理论	30%	电感器通断与绝缘性能检测	如何检测电感器的通断	15 分			
			如何检测电感器绝缘性能好坏	15 分			
专业技能	40%	检测电感器	对不同的电感器进行测试	20 分			
		检测判断电感器质量	①检测方法正确 ②判断准确	20 分			
职业素养	10%	注重文明、安全、规范操作、善于沟通、爱护财产,注重节能环保		10 分			
综合评价							

项目技能考核评价标准

电感器的识别与检测技能考核评价标准表

姓　名			日　期		指导教师		
考核评价地点				考核评价时间		1 h	
评价内容、要求、标准							
评价内容		评价要求		配分	评价标准		得分
电感器种类		在多个电感器中能说出每只电感器的种类		20 分	每正确 1 只给 4 分		

续表

评价内容、要求、标准				
评价内容	评价要求	配分	评价标准	得分
电感器各种符号及参数	能画出各种电感器的电路符号,知道电感器的参数	20分	每个符号3分,每个参数2分	
电感器参数识读	读出电感器所标参数	20分	每个4分	
贴片电感器参数识读	读出贴片电感器所标参数	10分	每个2分	
电感器的检测	能检测电感器的通断和绝缘性能好坏,能判断电感器质量	20分	每个每项2分	
职业素养	注重文明、安全、规范操作,善于沟通、爱护财产,注重节能环保	10分	出现安全事故扣10分。损坏仪表或元器件扣10分,违反操作规程扣5分,缺乏职业意识、无法解决实际问题、超过规定的时间等酌情扣分	
评价结论:				

半导体二极管的识别与检测

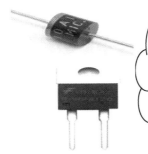

电视机工作时要插上交流电源，但电视机主板上的电路工作时需要的是直流电，那么电视机工作时是如何将交流电变成直流电的呢？

理必求真，事必求是；
言必守信，行必踏实。
——黄炎培

【知识目标】

● 能识读二极管并画出二极管的符号。
● 能描述半导体二极管作用、结构及命名方式。

【技能目标】

● 能识别不同的二极管。
● 能用万用表检测二极管的极性并进行好坏判断。
● 能进行二极管的代换。
● 能认识贴片二极管及进行极性判断。

【素养目标】

● 养成良好的逻辑思维能力和动手能力，养成严谨的科学态度。
● 养成自信、乐于思考的学习和生活态度。

任务一　认识半导体二极管

任务描述

在电子电气设备工作中,有时需要将交流电转换成直流电,能完成这一任务的电子元件就是半导体二极管,它是电子产品中主要的半导体元器件之一。只有通过对半导体二极管的识别,才能灵活地使用各种半导体二极管,发挥半导体二极管在电路中应有的功能。

任务分析

半导体二极管的种类繁多,外部特征各有不同。本任务就是通过观察不同半导体二极管,了解半导体二极管的作用、种类、参数及命名规则。

任务实施

半导体二极管简称"二极管"(Diode),它是由一个 PN 结组成的器件,具有单向导电的性能,即加正向电压时导通,加反向电压时截止。在电路中,它具有整流、检波、开关等作用。

活动一　认识半导体二极管型号命名及半导体二极管符号、种类、参数

记一记　半导体二极管型号命名

我国的半导体二极管型号命名由 5 个部分构成。其命名规则如下所示。

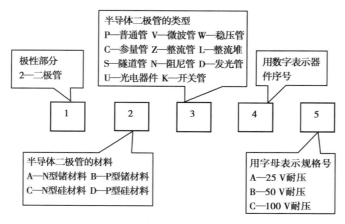

例如,2AP9A 为普通 N 型锗材料二极管,耐压为 25 V;2CK5B 为 N 型硅材料开关管,耐压为 50 V。

读一读

1.半导体二极管符号

半导体二极管有两个电极,接 P 型半导体的引线称为正极(阳极),接 N 型半导体的引线称为负极(阴极)。半导体二极管符号如图 5-1 所示。

PN结   旧符号   新符号

图 5-1 半导体二极管符号

2.半导体二极管种类

半导体二极管的种类可按照材料、结构等方式进行分类,详见表 5-1。

表 5-1 半导体二极管分类

种　类		图　例	特　点
按材料分类	锗管		锗二极管的正向电阻很小,正向导通电压为 0.2~0.3 V,适用于小信号检波。耐温性比硅管差
	硅管		硅二极管的反向漏电流比锗二极管小得多,其不足之处是要有较高的正向电压才能导通,为 0.6~0.8 V,适用于信号较大的电路
按结构分类	点接触型	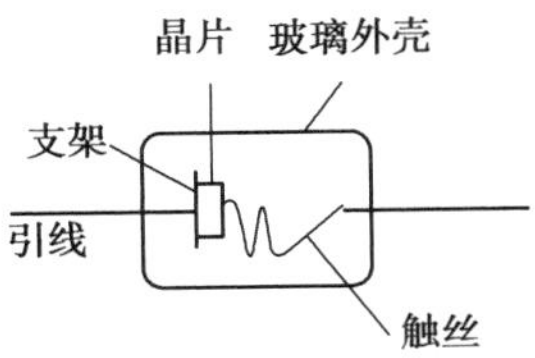 晶片　玻璃外壳 支架 引线 触丝	PN 结的结电容较小,适用于高频电路。但是,与面结型相比,点接触型二极管正向特性和反向特性都差,因此,不能使用于大电流和整流。因为点接触型二极管构造简单,所以价格便宜
	面接触型	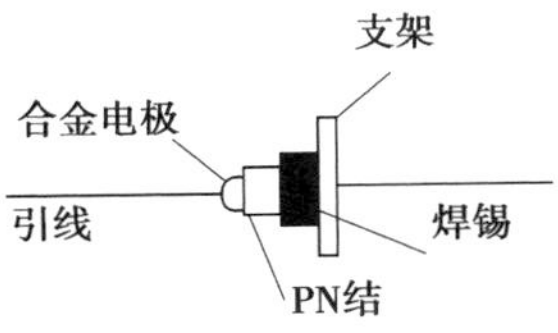 支架 合金电极 引线　焊锡 PN 结	面接触型或称面积型二极管的 PN 结是用合金法或扩散法做成的,由于这种二极管的 PN 结面积大,可承受较大电流,但极间电容也大。这类器件适用于整流电路,而不宜用于高频电路中

3.半导体二极管参数

半导体二极管主要参数见表 5-2。

表 5-2 半导体二极管主要参数

参数名称	参数符号	参数意义
最大整流电流	I_{DM}	最大整流电流是指半波整流连续工作的情况下,为使 PN 结的温度不超过额定值(锗管约为 80 ℃,硅管约为 1 500 ℃),二极管中能允许通过的最大直流电流。因为电流流过二极管时要发热,电流过大二极管就会过热而烧毁,所以应用二极管时要特别注意最大电流不得超过 I_{DM} 值,大电流整流二极管应用时要加散热片
最大反向电压	U_{RM}	最大反向电压是指不致引起二极管击穿的反向电压,工作电压的峰值不能超过 U_{RM},否则反向电流增大,整流特性变坏,甚至烧毁二极管。二极管的反向工作电压一般为击穿电压的 1/2,而有些小容量二极管,其最高反向工作电压定为反向击穿电压的 2/3。电压容易引起二极管的损坏,故应用中一定要保证不超过最大反向工作电压
最大反向电流	I_{RM}	在给定的反向偏压下,通过二极管的直流电流称为二极管的反向电流 I_S。理想情况下二极管是单向导电的,但实际上反向电压下总有一点微弱的电流。这一电流在反向击穿前大致不变,故又称为反向饱和电流。实际的二极管反向电流往往随反向电压的增大而缓慢增大。在电压为最大反向电压 U_{RM} 时,二极管中的反向电流就是最大反向电流 I_{RM}。通常在室温下的 I_S,硅管为 1 μA 或更小,锗管为几十至几百微安。反向电流的大小,反映了二极管单向导电性能的好坏,反向电流的数值越小越好
最高工作频率	f_M	二极管按材料、制造工艺和结构,其使用频率也不相同。有的可以工作在高频电路中,如 2AP 系列、2AK 系列等;有的只能在低频电路中使用,如 2CP 系列、2CZ 系列等。晶体二极管保持原来良好工作特性的最高频率,称为最高工作频率。有时手册中标出的不是"最高工作频率(f_M)",而是标出"频率",但意义是一样的

活动二 常用半导体二极管介绍

读一读 在电子产品应用中有一些比较常用的半导体二极管,但其外形、特点都有所不一样。常用的半导体二极管见表 5-3。

表 5-3　常用二极管

电路符号	名称	实物图	特　点
	整流二极管		整流二极管是面接触型的,多采用硅材料构成。由于 PN 结面较大,能承受较大的正向电流和高反向电压,性能比较稳定,但因结电容较大,不宜在高频电路中应用,故不能用于检波。整流二极管有金属封装和塑料封装两种
	检波二极管		检波的作用是把调制在高频电磁波上的低频信号检取出来。检波二极管要求结电容小,反向电流也小,所以检波二极管常采用点接触型二极管。常见的检波二极管有 2AP1—2AP7 及 2AP9—2AP17 等型号
	开关二极管		开关二极管是半导体二极管的一种,是为在电路上进行"开""关"而特殊设计制造的一类二极管。它由导通变为截止或由截止变为导通所需的时间比一般二极管短,常见的有 2AK 系列、2DK 系列、IN4148 等,主要用于电子计算机、脉冲和开关电路中

技能训练

认一认

在工作台上认出不同型号的二极管,并将相关要求填入表5-4 中。

表5-4　半导体二极管型号识读

型　号	材　料	类　型	序　号
IN4148			
IN4007			
2AP9			
2CP21			
2CZ52			
2CW51			

练一练

将工位上的5只半导体二极管做好序号标记后再按要求填入表5-5中。

表5-5　半导体二极管识别

序号	封装形式	管　型
1		
2		
3		
4		
5		

知识拓展

PN 结

PN结(PN junction)采用不同的掺杂工艺,通过扩散作用,按一定工艺将P型半导体与N型半导体制作在同一块半导体(通常是硅或锗)基片上,在它们的交界面就形成空间电荷区称为PN结,PN结具有单向导电性。P是positive的缩写,N是negative的缩写,表明正荷子与负荷子起作用的特点。一块单晶半导体中,一部分掺有受主杂质是P型半导体,另一部分掺有施主杂质是N型半导体时,P型半导体和N型半导体的交界面附近的过渡区称为PN结。

大国工匠
张路明

学习评价

表 5-6　任务一学习评价

评价项目	评价权重	评价内容		评分标准	自评	互评	师评
学习态度	20%	出勤与纪律	①出勤情况 ②课堂纪律	10分			
		学习参与度	团结协作、积极发言、认真讨论	5分			
		任务完成情况	①技能训练任务 ②其他任务	5分			
专业理论	30%	半导体二极管的作用、种类及参数	半导体二极管的作用有哪些	10分			
			半导体二极管的种类有哪些	10分			
			半导体二极管的参数是哪些	10分			
专业技能	40%	能识读半导体二极管类型	在电路板或各种混合电子元器件中认出 10 只半导体二极管,并指出类型	20分			
		能准确读出半导体二极管的极性	能准确识别 10 只半导体二极管的极性	20分			
职业素养	10%	注重文明、安全、规范操作、善于沟通、爱护财产,注重节能环保		10分			
综合评价							

任务二　检测半导体二极管

任务描述

在电子产品中,当半导体二极管出现损坏(如烧毁、击穿、老化等)会导致电子产品无法正常工作。半导体二极管是否损坏通常可用万用表进行检测,同时利用万用表还可对二极管进行引脚极性判断。

任务分析

本任务是通过用万用表对半导体二极管的检测,学会在半导体二极管检测时正确选择万用表量程,了解检测半导体二极管的一些基本方法、步骤及注意事项。

任务实施

二极管极性
识读

活动一 目测判别半导体二极管的极性

很多二极管都通过色环或者一些特殊标记能读出其正负极性,如图 5-2 所示。

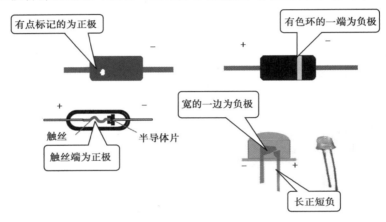

有点标记的为正极

有色环的一端为负极

+ −

宽的一边为负极

触丝

半导体片

触丝端为正极

长正短负

图 5-2 二极管极性判断

活动二 用万用表检测二极管

半导体二极管的检测可用指针式万用表,也可用数字万用表。下面以 MF47 型指针式万用表检测常用半导体二极管为例,实施半导体二极管检测步骤(见表 5-7)。

表 5-7 万用表检测半导体二极管

步 骤	图 示	说 明
选挡	第一步:将红黑表笔分别插入万用表的"+""−"(COM) 第二步:将万用表换挡开关置于欧姆挡,并选择合适的量程挡	选欧姆量程挡置于 R×100 Ω 或 R×1 kΩ 挡(对于面接触型的大电流整流管可采用 R×1 Ω 或 R×10 Ω 挡)

续表

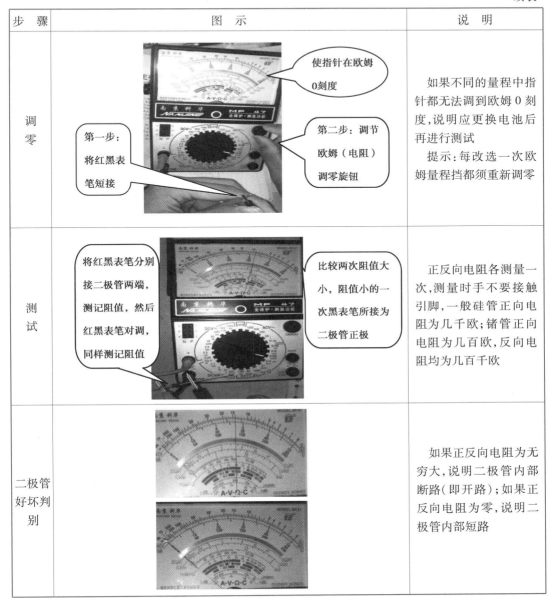

步 骤	图 示	说 明
调零	第一步：将红黑表笔短接 使指针在欧姆0刻度 第二步：调节欧姆（电阻）调零旋钮	如果不同的量程中指针都无法调到欧姆0刻度，说明应更换电池后再进行测试 提示：每改选一次欧姆量程挡都须重新调零
测试	将红黑表笔分别接二极管两端，测记阻值，然后红黑表笔对调，同样测记阻值 比较两次阻值大小，阻值小的一次黑表笔所接为二极管正极	正反向电阻各测量一次，测量时手不要接触引脚，一般硅管正向电阻为几千欧；锗管正向电阻为几百欧，反向电阻均为几百千欧
二极管好坏判别		如果正反向电阻为无穷大，说明二极管内部断路（即开路）；如果正反向电阻为零，说明二极管内部短路

技能训练

说一说

目测说出工位上10只二极管的极性。

做一做

用万用表检测判断二极管的极性，并将测试结果填入表5-8中。

表 5-8 半导体二极管检测

序号	万用表量程	正向电阻	反向电阻	性能判断
1				
2				
3				
4				
5				
6				
7				
8				
9				
10				

知识拓展

二极管封装

1.封装

封装是指在电子技术中将硅片上的电路管脚用导线接引到外部接头处,以便与其他器件连接。它不仅起着安装、固定、密封、保护芯片及增强电热性能等方面的作用,而且还通过芯片上的接点用导线连接到封装外壳的引脚上,这些引脚又通过印刷电路板上的导线与其他器件相连接,从而实现内部芯片与外部电路的连接。封装是因为芯片必须与外界隔离,以防止空气中的杂质对芯片电路的腐蚀而造成电气性能下降。另一方面,封装后的芯片也更便于安装和运输。

2.封装形式

封装形式是指安装半导体芯片用的外壳。

3.封装的作用

封装不改变二极管特性,只是为了生产出的元件能有统一的规格方便安装,同时也对内部元件起保护作用。

4.二极管的常用封装

二极管常用封装有玻璃封装、金属封装和塑料封装等。

二极管的封装形式常见的有:DO-15,DO-41,DO-27,SOD-323,SOD-523,SOD-723,SOT-23,SOT-323,SOT-523 等。

二极管在
生活中的

学习评价

表5-9 任务二学习评价表

评价项目	评价权重	评价内容		评分标准	自评	互评	师评
学习态度	20%	出勤与纪律	①出勤情况 ②课堂纪律	10分			
		学习参与度	团结协作、积极发言、认真讨论	5分			
		任务完成情况	①技能训练任务 ②其他任务	5分			
专业理论	30%	普通半导体二极管测试步骤及测试方法	普通半导体二极管测试有哪些步骤	20分			
			如何目测常用二极管极性	10分			
专业技能	40%	能用万用表检测半导体二极管的极性	①万用表使用正确 ②测试方法正确 ③判断准确	30分			
		能用万用表判断二极管的好坏	①万用表使用正确 ②测试方法正确 ③准确判断	10分			
职业素养	10%	注重文明、安全、规范操作、善于沟通、爱护财产,注重节能环保		10分			
综合评价							

任务三 识别特殊半导体二极管

任务描述

在电子产品生产、检测维护中,有时为了完成某种特殊功能需要选择一些特殊性能的二极管。特殊二极管在电路中有很重要的作用,只有了解了此类半导体二极管的工作方法以及工作特性后,才能灵活地使用各种特殊半导体二极管。同时,根据其特性不同而应用于不同的领域,发挥其独特的作用,并在使用过程中了解检测其性能好坏的方法。

任务分析

本任务就是通过观察特殊半导体二极管,认识其符号,了解特殊半导体二极管的作用、种类,并通过使用指针式万用表对几种特殊二极管检测的实际操作,了解特殊二极管的检测方法。

任务实施

活动一　特殊二极管种类、符号、外形及特点

读一读　特殊二极管种类、符号、外形及特点见表5-10。

表5-10　特殊二极管的种类、符号及特点

种类	符号	实物外形	特点
稳压二极管		 玻壳稳压二极管 塑封稳压二极管　　金属壳稳压二极管	稳压二极管的正向特性与普通半导体二极管相似,反向电压小于击穿电压时,反向电流此刻很小,反向电压接近于击穿电压时,反向电流急剧增大,会发生电击穿,这是电流在很大范围内改变时,管子两端电压基本保持不变,起到稳定电压的作用。应注意的是,稳压二极管在电路中应用时一定要串联限流电阻,不能让稳压二极管击穿后电流无限制增大,否则将被烧毁。稳压二极管最大工作电流就是稳压管工作时允许通过的最大电流
变容二极管			变容二极管又称"可变电抗二极管",是一种利用 PN 结电容与其反向偏置电压 V_t 的依赖关系及原理制成的二极管,常用的国产变容二极管有 2CC 系列和 2CB 系列

续表

种类	符 号	实物外形	特 点
发光二极管			半导体发光二极管可用作光电传感器、测试装置、遥测遥控设备等。按其发光波长,可分为激光二极管、红外发光二极管和可见光发光二极管
光敏二极管			光敏二极管实际上一个光敏电阻,它对光的变化非常敏感。光敏二极管的管芯是一个具有光敏特征的 PN 结,具有单向导电性,因此可利用光照强弱来改变电路中的电流
激光二极管			激光二极管本质上是一个半导体二极管,同激光器相比,激光二极管具有效率高、体积小、寿命长的优点,但其输出功率小、线性差、单色性不太好
双向触发二极管			双向触发二极管是具有对称性的两端半导体器件,常用来触发晶闸管,或者用于保护、定时、移相等电路
			硅堆也称整流块,就是把几个二极管组成的整流电路一起封装在树脂中,形成的整流电路。高压硅堆由多只高压整流二极管(硅粒)串联组成,是高压整流中将交流变成直流必不可少的元件

活动二　特殊二极管的检测方法

学一学　由于特殊二极管的结构、用途不一样,因此,其检测方法与普通二极管的检测方法也有所区别。特殊二极管的检测方法见表5-11。

表5-11　特殊二极管的检测方法

检测类型	检测方法及说明
双向触发二极管的检测	将万用表置于 R×1 kΩ 挡,测双向触发二极管的正、反向电阻值都应为无穷大。若交换表笔进行测量,万用表指针向右摆动,说明被测管有漏电性故障
变容二极管的检测	将万用表置于 R×10 kΩ 挡,无论红、黑表笔怎样对调测量,变容二极管的两引脚间的电阻值均应为无穷大。如果在测量中,发现万用表指针向右有轻微摆动或阻值为零,说明被测变容二极管有漏电故障或已经击穿损坏。对于变容二极管容量消失或内部的开路性故障,用万用表是无法检测判别的。必要时,可用替换法进行检查判断
红外发光二极管的检测	①判别红外发光二极管的正、负电极。红外发光二极管有两个引脚,通常长引脚为正极,短引脚为负极。因红外发光二极管呈透明状,所以管壳内的电极清晰可见,内部电极较宽较大的一个为负极,而较窄且小的一个为正极 ②将万用表置于 R×1 kΩ 挡,测量红外发光二极管的正、反向电阻。通常,正向电阻应为 30 kΩ 左右,反向电阻要在 500 kΩ 以上,这样的管子才可正常使用。要求反向电阻越大越好
红外接收二极管的检测	(1)识别管脚极性 ①从外观上识别。常见的红外接收二极管外观颜色呈黑色。识别引脚时,面对受光窗口,从左至右分别为正极和负极。另外,在红外接收二极管的管体顶端有一个小斜切平面,通常带有此斜切平面一端的引脚为负极,另一端为正极 ②将万用表置于 R×1 kΩ 挡,用来判别普通二极管正、负电极的方法进行检查,即交换红、黑表笔两次测量管子两引脚间的电阻值。正常时,所得阻值应为一大一小。以阻值较小的一次为准。红表笔所接的管脚为负极,黑表笔所接的管脚为正极 (2)检测性能好坏 用万用表电阻挡测量红外接收二极管正、反向电阻,根据正、反向电阻值的大小,即可初步判定红外接收二极管的好坏
激光二极管的检测	将万用表置于 R×1 kΩ 挡,按照检测普通二极管正、反向电阻的方法,即可将激光二极管的管脚排列顺序确定。但检测时要注意,由于激光二极管的正向压降比普通二极管要大,因此检测正向电阻时,万用表指针略微向右偏转而已,而反向电阻则为无穷大
稳压管的检测	稳压管是一个工作在反向击穿状态的二极管。如果在稳压管两端加的反向电压较低,稳压管不能反向击穿,因此它与普通二极管是一样的。只有在产生反向击穿以后,稳压管才起稳压作用 测正向电阻时,万用表的红表笔接稳压二极管的负极,黑表笔接稳压二极管的正极。如果表针不动或者正向电阻很大,则说明被测管是坏的,内部已断路。测反向电阻时,红黑表笔互换,如果万用表表头指针向零位摆动,阻值极小,则说明被测管也是坏的。测量稳压值,必须使管子进入反向击穿状态,所以电源电压要大于被测管的稳定电压 U_Z。这时就必须使用万用表的高阻挡

…管在实际应用中比较多,其主要参数见表 5-12。

表 5-12　稳压二极管的主要参数

参数名称	参数符号	参数意义
稳定电压	U_Z	稳压管在正常工作时,管子两端保持基本不变的电压值,不同型号的稳压管,具有不同的稳压值。对同一型号的稳压管,由于工艺的离散性,会使其稳压数值不完全相同,如 2CW72 稳压管的稳定电压是 7~8.8 V
稳定电流	I_Z	稳压二极管在稳压范围内的正常工作电流称为稳定电流
最大稳定电流	I_{Zm}	稳压管允许长期通过的最大电流称为最大稳定电流,稳压管实际工作电流要小于 I_{Zm} 值,否则稳压管会因电流过大而过热损坏
最大允许耗散功率	P_m	反向电流通过稳压管时,稳压管本身消耗功率的最大允许值。它等于稳定电压与稳定电流的乘积。一种型号的稳压管其 P_m 值是固定的

技能训练

认一认

取 5 只不同的特殊二极管,编号后将其名称、特点填入表 5-13。

表 5-13　特殊二极管特点

序号	名　称	特　点
1		
2		
3		
4		
5		

练一练

将工位上 5 只特殊二极管编号,用万用表检测并按要求填入表 5-14 中。

表 5-14　特殊二极管检测

序号	万用表量程	正向阻值	反向阻值	好坏判别
1				
2				
3				
4				
5				

知识拓展

利用发光二极管种植蔬菜

日本一家大型化学公司开发出一种利用发光二极管种植蔬菜的新技术。试验证实，用发光二极管种出的蔬菜比露天种出的蔬菜营养更丰富，口味更好。

据介绍，发光二极管的外壳以塑料制成，长约 1 cm，直径为 0.6～0.7 cm，外形如同中药胶囊，由于里面装有以半导体化合物为原料的发光体，故通电后即会像灯泡一样发光。

以往的"蔬菜工厂"是为阳光不足地区也能种菜设立的，一般用日光灯代替太阳。而发光二极管显然比日光灯甚至阳光更具优势，因为可发出红、蓝、绿、白等不同颜色的光，种植者只要对不同的色光做适当调整以便更高效地生产蔬菜。例如，红光可使作物光合作用更为活跃，蓝光可使萝卜等作物根部变大。利用对不同色光照射时间的调整，不仅可缩短作物的生长期，而且可使作物个头更大，从而大大提高了产量。此外，蔬菜中糖分和维生素的含量也会根据光线颜色的不同和照射时间的长短出现变化。例如，有些菜只要多照红光，光合作用就会活跃起来，所含糖分随之增加，味道也会变得较甜，而大多数蔬菜照射较长时间红光，所含维生素都会增加。掌握了这一规律，种植者便不难对所种蔬菜的营养成分和口味作调整。

目前，发光二极管价格虽仍偏高，但耗电量很低，寿命也长（在 5 万 h 以上），故汽车刹车灯、红绿交通灯等也纷纷开始改用发光二极管。专家们预测，随着发光二极管制作成本的逐步降低，它必将在更多领域发挥积极作用。

发光二极管
发展历程

学习评价

表 5-15　任务三学习评价表

评价项目	评价权重	评价内容		评分标准	自评	互评	师评
学习态度	20%	出勤与纪律	①出勤情况 ②课堂纪律	10 分			
		学习参与度	团结协作、积极发言、认真讨论	5 分			
		任务完成情况	①技能训练任务 ②其他任务	5 分			
专业理论	30%	特殊半导体二极管的种类及作用	特殊半导体二极管的种类有哪些	15 分			
			各特殊半导体二极管的作用有哪些	15 分			

续表

评价项目	评价权重	评价内容		评分标准	自评	互评	师评
专业技能	40%	能识读各特殊半导体二极管类型	在电路板或各种混合电子元器件中认出 10 只特殊半导体二极管	20 分			
		能准确读出特殊半导体二极管的极性	能准确识别 10 只半导体二极管的极性	20 分			
职业素养	10%	注重文明、安全、规范操作、善于沟通、爱护财产,注重节能环保		10 分			
综合评价							

任务四　认识与检测贴片二极管

任务描述

在现代电子产品中,贴片元器件的应用非常广泛。贴片二极管就是其中之一。它是现代电子产品中的主要元器件,与普通引脚二极管相比,其功能相同,但体积很小。只有通过对常见贴片二极管外形与极性标志的识别,才能灵活地使用各种贴片二极管,发挥贴片二极管在电路中的作用。

任务分析

贴片半导体二极管的种类较多,外部特征各有不同,在电路同样具有整流、检波、开关等作用。本任务就是通过观察贴片二极管,了解贴片半导体二极管外形与极性标志,学会用万用表对贴片二极管的检测方法。

任务实施

贴片半导体二极管又称晶体二极管(简称二极管),它与普通半导体二极管的工作原理一样,是一种具有单向传导电流的电子器件。它是由一个 PN 结组成的器件,具有单向导电的性能。因此,常用它作为整流或检波的器件。

活动一　认识各种贴片半导体二极管的外形

看一看　贴片元器件(SMD/SMC)是电子设备微型化、高集成化的产物,是一种无引线或短引线的新型微小型元器件。各种贴片二极管的外形如图 5-3 所示。

贴片半导体二极管极性标志如图 5-4 所示。

图 5-3 各种形状的贴片半导体二极管

图 5-4 半导体二极管极性标志

活动二 贴片二极管的检测

在工程技术中,贴片二极管与普通二极管的内部结构基本相同,均由一个 PN 结组成。因此,贴片二极管的检测与普通二极管的检测方法基本相同(参见本项目任务二)。

技能训练

说一说

将工位上给定的 10 只贴片元器件编号,根据目测和用万用表检测判断是否为贴片半导体二极管。

练一练

将工位上的 10 只二极管编号后分别用万用表检测,并按要求填入表 5-16 中。

表 5-16 贴片二极管检测

序号	万用表量程	正向阻值	反向阻值	好坏判别
1				
2				
3				
4				
5				
6				
7				
8				
9				
10				

知识拓展

贴片元件焊接方法及检查

1.贴片元件焊接方法

①在焊接之前先在焊盘上涂上助焊剂,用烙铁处理一遍,以免焊盘镀锡不良或被氧化,造成不好焊,芯片则一般不需处理。

②用镊子小心地将 QFP 芯片放到 PCB 板上,注意不要损坏引脚。使其与焊盘对齐,要保证芯片的放置方向正确。把烙铁的温度调到大于 300 ℃,将烙铁头尖端沾上少量的焊锡,用工具向下按住已对准位置的芯片,在两个对角位置的引脚上加少量的焊锡,焊接两个对角位置上的引脚,使芯片固定而不能移动。在焊完对角后,重新检查芯片的位置是否对准。如有必要可进行调整或拆除,并重新在 PCB 板上对准位置。

③开始焊接所有的引脚时,应在烙铁尖上加上焊锡,将所有的引脚涂上焊锡使引脚保持湿润。用烙铁尖接触芯片每个引脚的末端,直到看见焊锡流入引脚。在焊接时,要保持烙铁尖与被焊引脚并行,防止因焊锡过量发生搭接。

④焊完所有的引脚后,用助焊剂浸湿所有引脚以便清洗焊锡。在需要的地方吸掉多余的焊锡,以消除任何可能的短路和搭接。最后用镊子检查是否有虚焊,检查完成后,从电路板上清除助焊剂,将硬毛刷浸上酒精沿引脚方向仔细擦拭,直到焊剂消失为止。

⑤贴片阻容元件则相对容易焊一些,可先在一个焊点上点上锡,然后放上元件的一头,用镊子夹住元件,焊上一头之后,再看看是否放正了;如果已放正,就再焊上另外一头。如果管脚很细在步骤②时可先对芯片管脚加锡,然后用镊子夹好芯片,在桌边轻磕,墩除多余焊锡,在步骤③时电烙铁不用上锡,用烙铁直接焊接。

当完成一块电路板的焊接工作后,就要对电路板上的焊点质量进行检查。

2.合格的焊点标准

符合下面标准的焊点才是合格的焊接:

①焊点成内弧形(圆锥形)。

②焊点整体要圆满、光滑、无针孔、无松香渍。

③如果有引线、引脚,它们的露出引脚长度应为 1~1.2 mm。

④元件脚外形可见锡的流散性好。

⑤焊锡将整个上锡位置及元件脚包围。

不符合上面标准的焊点是不合格的焊接,需要进行二次修理补焊。

3.不合格的焊点标准

不合格的焊点主要表现在:

①虚焊。看似焊住其实没有焊住,主要原因是焊盘和引脚脏,助焊剂不足或加热时间不够。

②短路。有些元件在脚与脚之间被多余的焊锡所连接短路,也包括残余锡渣使脚与脚短路。

③偏位。由于器件在焊前定位不准,或在焊接时造成失误导致引脚不在规定的焊盘区域内。

④少锡。少锡是指锡点太薄,不能将元件铜皮充分覆盖,影响连接固定作用。

⑤多锡。元件脚完全被锡覆盖,即形成外弧形,使元件外形及焊盘位不能见到,不能确定元件及焊盘是否上锡良好。

⑥锡球、锡渣。PCB 板表面附着多余的焊锡球、锡渣,会导致细小管脚短路。

梁骏与
民族芯片

学习评价

表 5-17　任务四学习评价表

评价项目	评价权重	评价内容		评分标准	自评	互评	师评
学习态度	20%	出勤与纪律	①出勤情况 ②课堂纪律	10 分			
		学习参与度	团结协作、积极发言、认真讨论	5 分			
		任务完成情况	①技能训练任务 ②其他任务	5 分			
专业理论	30%	贴片半导体二极管测试步骤及目测方法	贴片半导体二极管测试步骤有哪些	15 分			
			怎样目测常用贴片二极管极性	15 分			
专业技能	40%	能目测判断贴片半导体二极管的引脚	①方法正确 ②判断准确	10 分			
		能用万用表判断贴片半导体二极管的好坏	①万用表使用正确 ②测试方法正确 ③准确判断	30 分			
职业素养	10%	注重文明、安全、规范操作、善于沟通、爱护财产,注重节能环保		10 分			
综合评价							

【项目技能考核评价标准】

半导体二极管的识别与检测技能考核评价标准表

姓名		日期		指导教师	
考核评价地点			考核评价时间		1 h
评价内容、要求、标准					
评价内容	评价要求	配分	评价标准		得 分
半导体二极管类型识读	在电路板或混合元件袋中选出 10 只半导体二极管,根据表面标注说出半导体二极管的材料、种类	20分	每正确 1 只给 2 分		
半导体二极管符号识读	任选 10 只半导体二极管,读出其符号的意义	20分	每正确 1 只给 2 分		
半导体二极管极性	选 5 只半导体二极管用目测法观察其极性	10分	每正确 1 只给 2 分		
半导体二极管好坏的检查	任选 10 只半导体二极管,用万用表检测其好坏	20分	测试方法正确每次给 2 分		
特殊半导体二极管检测	取 5 只特殊半导体二极管进行检测	10分	每只给 2 分		
贴片半导体二极管的识读	任选 5 只贴片半导体二极管进行认识与测试	10分	每正确 1 只给 2 分		
职业素养	注重文明、安全、规范操作,善于沟通、爱护财产,注重节能环保	10分	出现安全事故扣 10 分。损坏仪表或元器件扣 10 分,违反操作规程扣 5 分,缺乏职业意识、无法解决实际问题、超过规定的时间等酌情扣分		
评价结论:					

半导体三极管的识别与检测

我们对着话筒说话，声音由话筒通过功放、扬声器后为什么能扩大很多倍？收音机为何又能接收远处的信号发出声音？

> 攀登科学高峰，就像登山运动员攀登珠穆朗玛峰一样，要克服无数艰难险阻，懦夫和懒汉是不可能享受到胜利的喜悦和幸福的。
>
> ——陈景润

【知识目标】

● 能识读半导体三极管并画出相应三极管符号。
● 能描述半导体三极管作用及命名方式。

【技能目标】

● 能识别不同类型的三极管。
● 能用万用表检测三极管的类型、管脚及好坏判断。
● 能进行三极管的代换。
● 能认识贴片三极管的类型和判断三极管的管脚。

【素养目标】

● 具有安全、规范、质量意识，具有爱岗敬业、团结协作的良好习惯和职业精神。
● 具有吃苦耐劳、服从安排的企业精神，爱护公共财产。

任务一 认识半导体三极管

任务描述

在电子产品生产、检测维护中,特别是放大电路中,我们经常会用到一种元器件——半导体三极管,它在电路中具有电流放大作用,能将微小信号放大到所需要的信号。只有通过对半导体三极管型号识别,了解其参数,才能灵活地使用各种半导体三极管,发挥半导体三极管在电路中应有的作用。

任务分析

半导体三极管的种类很多,外部特征各有不同。任务就是通过观察半导体三极管的实物和图片,了解半导体三极管的种类、参数及命名规则。

任务实施

半导体三极管又称"晶体三极管"或"双极性晶体管"(Bipolar Transistor),是双极性结型晶体管的简称,它是在半导体锗或硅的单晶体上制成两个能相互影响的 PN 结,组成一个 PNP(或 NPN)结构。中间的 N 区(或 P 区)称为基区,两边的区域称为发射区和集电区,这三部分各有一条电极引线,分别称为基极 B、发射极 E 和集电极 C,是能起放大、振荡或开关等作用的半导体电子器件。

活动一 认识半导体三极管型号命名及半导体三极管种类和符号

记一记 国产半导体三极管型号命名由 5 个部分构成。其命名规则如下所示。

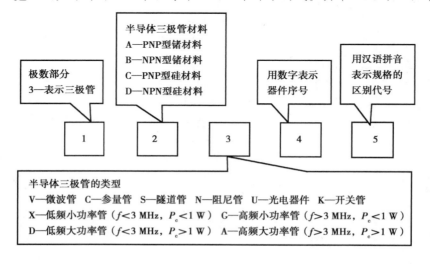

半导体三极管材料
A—PNP型锗材料
B—NPN型锗材料
C—PNP型硅材料
D—NPN型硅材料

极数部分
3—表示三极管

用数字表示
器件序号

用汉语拼音
表示规格的
区别代号

| 1 | 2 | 3 | 4 | 5 |

半导体三极管的类型
V—微波管 C—参量管 S—隧道管 N—阻尼管 U—光电器件 K—开关管
X—低频小功率管($f<3$ MHz,$P_e<1$ W) G—高频小功率管($f>3$ MHz,$P_e<1$ W)
D—低频大功率管($f<3$ MHz,$P_e>1$ W) A—高频大功率管($f>3$ MHz,$P_e>1$ W)

看一看 半导体三极管符号及内部结构图见表6-1。

表6-1 半导体三极管符号及内部结构

名　称	符　号	结构图	说　明
NPN 型	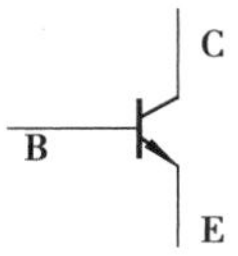	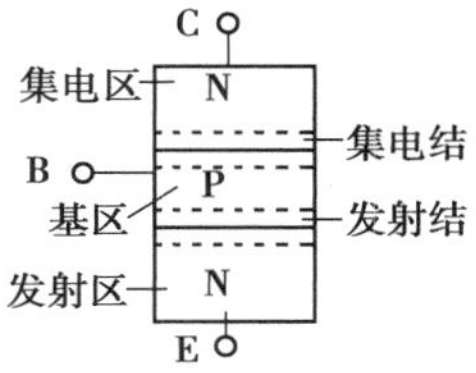	三极管内部结构有两个 PN 结（发射结和集电结），3 个区（发射区、集电区、基区），从 3 个区引出 3 个电极分别为发射极、集电极、基极。三极管放大条件要求内部结构需满足：基区很薄，发射区掺杂浓度大，集电区面积大
PNP 型	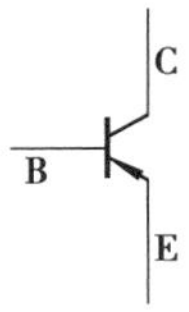	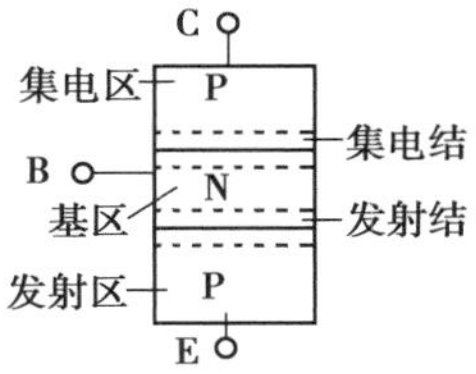	

读一读 半导体三极管的分类可按材料、结构、功率、频率、封装形式等方式进行分类，其分类见表6-2。

表6-2 三极管的分类

分类类型	种　类	实物图	特　点
按材料分类	锗管	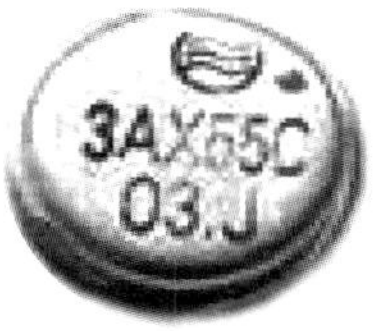	锗管导通电压是 0.2~0.3 V，正向电阻在几百欧，热稳定性差
	硅管		硅管导通电压是 0.6~0.8 V，正向电阻较大一般在几千欧，硅管的热稳定性好，现在的半导体一般都是硅管
按功率分类	小功率三极管		应用于小功率电路中，具有输出功率小等特点，最大允许耗散功率 P_{CM} 在 1 W 以下
	中功率三极管		中功率三极管主要用在驱动和激励电路，为大功率放大器提供驱动信号。通常情况下，集电极最大允许耗散功率 P_{CM} 为 1~10 W

续表

分类类型	种　类	实物图	特　点
按功率分类	大功率三极管		大功率三极管具有输出功率大、反向耐压高等特点，主要用于功率放大、电源变换、低频开关等电路中，集电极最大允许耗散功率 P_{CM} 在 10 W 以上
提示：	半导体三极管的分类方法还有： 根据工作频率可分为低频三极管和高频三极管 根据封装形式可分为金属封装、玻璃封装、塑料封装		

活动二　半导体三极管主要参数

读一读　半导体三极管在工作时候由于管型和工作场所不一样，它的个别特性也不一样，我们通常用一些常用参数来衡量它。半导体三极管主要参数见表 6-3。

表 6-3　三极管的主要技术参数

技术参数		名　称	定　义	说　明
直流参数	$h_{fe}($ 或 $\overline{\beta})$	共发射极电路直流电流放大系数	共发射极电路中，没有交流信号输入时，集电极电流 I_c 与基极电流 I_B 之比，即 $h_{fe}=I_c/I_B$	三极管外壳上常以不同颜色标明 h_{fe} 的大小范围
	I_{CEO}	集电极-发射极反向截止电流	基极开路 $(I_B=0)$，集电极-发射极的反向电压为规定值时的集电极电流	又称为穿透电流 $I_{CEO}=(1+\beta)I_{CBO}$
	I_{CBO}	集电极-基极反向截止电流	发射极开路 $(I_E=0)$，集电极-基极加规定的反向电压时的集电极电流	室温下，小功率的硅管 $I_{CBO}<1~\mu A$，锗管 $I_{CBO}\approx10~\mu A$
	BV_{CEO}	集电极-发射极反向击穿电压	基极开路 $(I_B=0)$，集电极-发射极最大允许的反向电压	
	BV_{CBO}	集电极-基极反向击穿电压	发射极开路 $(I_E=0)$，集电极-基极最大允许的反向电压时	
交流参数	$h_{FE}($ 或 $\beta)$	共发射极电路交流电流放大系数	共发射极电路中，输出电流 I_c 与基极输入电流 I_b 的变化量之比，即 $h_{FE}($ 或 $\beta)=\dfrac{\Delta I_c}{\Delta I_b}$	
极限参数	I_{cm}	集电极最大允许电流	当三极管参数变化不超过规定值时，集电极最大允许承受的电流，一般把 $h_{FE}($ 或 $\beta)$ 减小到规定值 2/3 时的 I_c 值	
	P_{cm}	集电极最大允许耗散功率	保证参数在规定范围内变化，集电极上允许损耗功率的最大值	

活动三　几种特殊的半导体三极管

看一看　在电子产品装配及维修中,经常会遇到一些特殊的半导体三极管,见表6-4。

表6-4　特殊半导体三极管

名　　称	实物图	特　　点
带阻尼三极管		带阻尼三极管是将三极管与阻尼二极管、保护电阻封装为一体构成的特殊三极管,常用于彩色电视机和计算机显示器的行扫描电路中
差分对管		差分对管是将两只性能参数相同的三极管封装在一起构成的电子器件,一般用在音频放大器或仪器、仪表的输入电路做差分放大管
达林顿管		达林顿管是复合管的一种连接形式。它是将两只三极管或多只三极管集电极连在一起,而将第一只三极管的发射极直接耦合到第二只三极管的基极,依次级联而成
带阻三极管		带阻三极管是指基极和发射极之间接有一只或两只电阻并与晶体管封装为一体的三极管。由于带阻三极管通常应用在数字电路中,因此带阻三极管有时候又被称为数字三极管或者数码三极管

技能训练

认一认

观察图6-1三极管实物图片,说出半导体三极管类型。

练一练

将工位上的5只半导体三极管做好序号标记后识读,并将相关内容填入表6-5中。

图 6-1 三极管实物图片

表 6-5 半导体三极管识读

序　号	型　号	类　型	材　料	对应符号	其　他
1					
2					
3					
4					
5					

说一说

说出下列三极管所用材料、管子类型：

①3AG43。

②3DG13A。

③3AX81A。

④3DD4C。

知识拓展

光电三极管的发展

　　光电三极管现已发展成为一类特殊的半导体隔离器件,它体积小、寿命长、无触点、抗干扰、能隔离,并具有单向信号传输和容量连接等功能。

　　美、日两国生产以红外发光三极管和光敏器件管组成的光电器件为主,占美、日两国生产的全部光电耦合器的 60% 左右。因为这种类型的器件不仅电流传输效率高(一般为 7%~30%),而且响应速度比较快(2~5 μs),能够满足大多数应用场合要求。日本横河电机公司用 GaAsP 红外发光二极管作输入端,PIN 光电二极管作接收端制成的 3 种高速光电耦合器的绝缘电压都在 3 000 V 以上,其中 5082-43610 型超高速数字光电三极管和 5082-4361 型高共模抑制型光电三极管的响应速度均可达到 10 Mbit/s,它们的电流传输效率高达 60% 以上。美国摩托罗拉公司生产的 4N25,4N26,4N27 型光电耦合器属于三极管输出型光电耦合器,这种光电耦合器具有很高的输入、输出绝缘性能,其频率响应可达

300 kHz,而开关时间只有几微秒。

光电三极管在多种电子设备中的应用非常广泛。随着数字通信技术的迅速发展以及光隔离器和固体继电器等自动控制部件在机械工业中应用的不断扩大,特别是微处理器在各个领域中的应用推广(有时一台微机上的用量可达十几个甚至上百个)和产品性能的逐步提高,光电耦合器的应用市场将日益扩大。今后光电三极管将向高速化、高性能、小体积、轻质量的方向发展。

发明家
爱迪生

学习评价

表 6-6　任务一学习评价表

评价项目	评价权重	评价内容		评分标准	自评	互评	师评
学习态度	20%	出勤与纪律	①出勤情况 ②课堂纪律	10分			
		学习参与度	团结协作、积极发言、认真讨论	5分			
		任务完成情况	①技能训练任务 ②其他任务	5分			
专业理论	30%	半导体三极管的作用、种类及参数	半导体三极管的作用有哪些	10分			
			半导体三极管有哪些种类	10分			
			半导体三极管的参数有哪些	10分			
专业技能	40%	能识读半导体三极管类型	在电路板或各种混合电子元器件中认出 10 只半导体三极管,根据标注指出其类型	40分			
职业素养	10%	注重文明、安全、规范操作、善于沟通、爱护财产,注重节能环保		10分			
综合评价							

任务二　检测半导体三极管

任务描述

在电子产品生产、维护中，由于半导体三极管出现损坏或安装错误会导致电子产品无法正常工作，因此我们需要对半导体三极管进行检测，判断其性能好坏及引脚极性，才能发挥三极管在电路中应有的功能。

任务分析

半导体三极管的性能以及引脚极性通常可用万用表进行检测。本任务通过对半导体三极管的检测操作。学会用万用表测试半导体三极管的性能以及引脚判断，了解检测半导体三极管的一些基本方法、步骤及注意事项。

任务实施

活动一　目测半导体三极管的极性

看一看　三极管引脚的排列方式具有一定的规律。部分三极管可直接识别其管子极性，其管脚识别图如图6-2所示。

90系列
三极管
识读

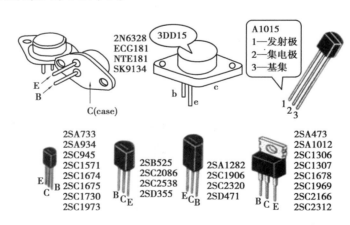

图6-2　半导体三极管管脚识别图

目前较为流行的三极管9011—9018系列为小功率管，除9012和9015为PNP型管外，其余均为NPN型管。

常用9011—9018系列三极管管脚排列如图6-3所示。有数字的一面对着自己，引脚朝下，从左至右依次是E，B，C。

活动二 用万用表检查半导体三极管极性

学一学 半导体三极管的检测可用指针式万用表,也可用数字万用表。下面以 MF47 型指针式万用表检测常用半导体三极管为例进行介绍。

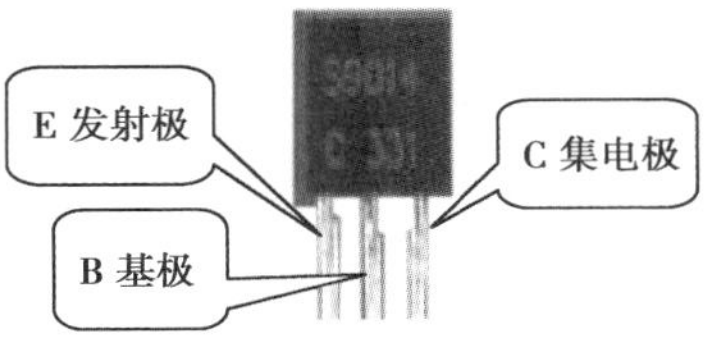

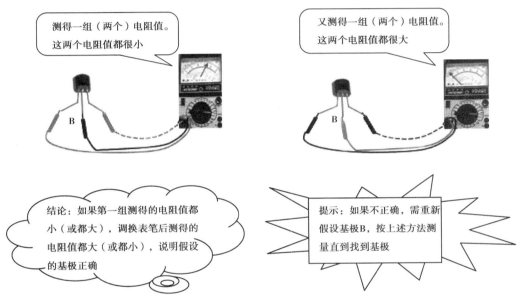

图 6-3 三极管 9014 管脚排列

1.用万用表测量三极管管型的方法

(1)找三极管的基极 B

先将万用表置于 R×1 kΩ 挡,调零。将黑表笔接假定的基极 B,红表笔分别与另两个极相接触,观测指针摆动情况。调换表笔,将红表笔接原来假定的基极 B,黑表笔分别与另两个极相接触,观测指针摆动情况,如图 6-4 所示。

测得一组(两个)电阻值。这两个电阻值都很小

又测得一组(两个)电阻值。这两个电阻值都很大

三极管的检测

结论:如果第一组测得的电阻值都小(或都大),调换表笔后测得的电阻值都大(或都小),说明假设的基极正确

提示:如果不正确,需重新假设基极B,按上述方法测量直到找到基极

图 6-4 找三极管的基极 B

(2)判断管子类型

将万用表黑表笔接已找到的基极 B,红表笔分别与另两个极相接触,观测指针摆动情况,如图 6-5 所示。

电阻值都小,说明管子为NPN型

电阻值都大,说明管子为PNP型

图 6-5 判断管子类型

2.用万用表测试三极管管脚的方法

对于 NPN 型三极管,让黑表笔接(除基极以外的另两脚)假定的集电极 C,红表笔接假定的发射极 E,手指在 B,C 之间加人体电阻,观测指针摆动情况。然后,假定另一脚为集电极 C,同样方法重新测量,观测指针摆动情况,如图 6-6 所示。

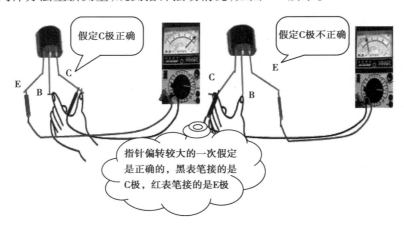

图 6-6　测试 NPN 型三极管集电极

对于 PNP 型三极管,让红表笔接假定的集电极 C,黑表笔接假定的发射极 E,同样手指将 B,C 之间加人体电阻,观测指针摆动情况。然后,假定另一脚为集电极 C,同样方法重新测量,观测指针摆动情况。指针偏转较大(阻值较小)的一次假定是正确的,黑表笔接的是 E 极,红表笔接的是 C 极。

活动三　特殊半导体三极管的检测

读一读　特殊半导体三极管的检测方法与普通半导体三极管的检测方法不一样,常见的几种特殊半导体三极管的检测方法见表 6-7。

表 6-7　特殊三极管检测方法

检测类型	检测方法
大功率晶体三极管的检测	利用万用表检测普通半导体三极管的极性、管型及性能的各种方法,对检测大功率三极管来说基本上适用。但是,由于大功率三极管的工作电流比较大,因而其 PN 结的面积也较大。PN 结较大,其反向饱和电流也必然增大。因此,若像测量中小功率三极管极间电阻那样,使用万用表的 R×1 kΩ 挡测量,必然得的电阻值很小,所以通常使用 R×10 Ω 挡或 R×1 Ω 挡检测大功率三极管
普通达林顿管的检测	用万用表对普通达林顿管的检测包括识别电极、区分 PNP 和 NPN 类型、估测放大能力等内容。因为达林顿管的 E-B 极之间包含多个发射结,所以应该使用万用表能提供较高电压的 R×10 kΩ 挡进行测量

检测类型	检测方法
大功率达林顿管的检测	检测大功率达林顿管的方法与检测普通达林顿管基本相同。但由于大功率达林顿管内部设置了 V_3,R_1,R_2 等保护和泄放漏电流元件,因此,在检测时应将这些元件对测量数据的影响加以区分,以免造成误判。具体可按下述几个步骤进行: ①用万用表 R×10 kΩ 挡测量 B,C 之间 PN 结电阻值,应明显测出具有单向导电性能。正、反向电阻值应有较大差异。 ②在大功率达林顿管 B-E 之间有两个 PN 结,并且接有电阻 R_1 和 R_2。用万用表电阻挡检测时,当正向测量时,测到的阻值是 B-E 结正向电阻与 R_1,R_2 阻值并联的结果;当反向测量时,发射结截止,测出的则是 (R_1+R_2) 电阻之和,大约为几百欧,且阻值固定,不随电阻挡位的变换而改变。但需要注意的是,有些大功率达林顿管在 R_1,R_2 上还并有二极管,此时所测得的则不是 (R_1+R_2) 之和,而是 (R_1+R_2) 与两只二极管正向电阻之和的并联电阻值
带阻尼行输出三极管的检测	将万用表置于 R×1 Ω 挡,通过单独测量带阻尼行输出三极管各电极之间的电阻值,即可判断其是否正常。具体测试原理,方法及步骤如下: ①将红表笔接 E,黑表笔接 B,此时相当于测量大功率管 B-E 结的等效二极管与保护电阻 R 并联后的阻值,由于等效二极管的正向电阻较小,而保护电阻 R 的阻值一般也仅有 20~50 Ω,因此,二者并联后的阻值也较小;反之,将表笔对调,即红表笔接 B,黑表笔接 E,则测得的是大功率管 B-E 结等效二极管的反向电阻值与保护电阻 R 的并联阻值。由于等效二极管反向电阻值较大,因此,此时测得的阻值即是保护电阻 R 的值,此值仍然较小 ②将红表笔接 C,黑表笔接 B,此时相当于测量管内大功率管 B-C 结等效二极管的正向电阻,一般测得的阻值也较小,将红、黑表笔对调,即将红表笔接 B,黑表笔接 C,则相当于测量管内大功率管 B-C 结等效二极管的反向电阻,测得的阻值通常为无穷大 ③将红表笔接 E,黑表笔接 C,相当于测量管内阻尼二极管的反向电阻,测得的阻值一般都较大,为 300 Ω~∞,将红、黑表笔对调,即红表笔接 C,黑表笔接 E,则相当于测量管内阻尼二极管的正向电阻,测得的阻值一般都较小,为几欧至几十欧

技能训练

做一做

将工位上的半导体三极管做好序号标记后识读、检测,并将检测结果填入表 6-8 中。

表 6-8 半导体三极管识读检测

序号	型号	半导体三极管的检测			画出示意图标出其电极
		万用表量程	BE 间电阻值	BC 间电阻值	CE 间电阻值	

序号	型号	万用表量程	BE 间电阻值	BC 间电阻值	CE 间电阻值	画出示意图标出其电极
1			红笔接 B	红笔接 B	红笔接 C	
			黑笔接 B	黑笔接 B	黑笔接 C	

续表

序号	型号	半导体三极管的检测				画出示意图标出其电极
		万用表量程	BE 间电阻值	BC 间电阻值	CE 间电阻值	
2			红笔接 B	红笔接 B	红笔接 C	
			黑笔接 B	黑笔接 B	黑笔接 C	
3			红笔接 B	红笔接 B	红笔接 C	
			黑笔接 B	黑笔接 B	黑笔接 C	
4			红笔接 B	红笔接 B	红笔接 C	
			黑笔接 B	黑笔接 B	黑笔接 C	
5			红笔接 B	红笔接 B	红笔接 C	
			黑笔接 B	黑笔接 B	黑笔接 C	

知识拓展

半导体三极管的代换

在家用电器修理中,经常会遇到三极管的损坏,需用同型号、同品种的三极管代换,或用相同(相近)性能的三极管进行代用。代用的原则和方法如下:

①极限参数高的三极管可以代换参数较低的三极管。例如,集电极最大允许耗散功率大的三极管可以代换耗散功率小的三极管。

②性能好的三极管可以代换性能差的三极管。例如,参数值高的三极管可以代换参数值低的三极管,但代换的三极管参数值不宜过高,否则三极管工作不稳定。

③高频、开关三极管可以代换普通低频三极管。当其他参数满足要求时,高频管可以代替低频管。

④锗管和硅管可以相互代换。两种材料的管子相互代换时,首先要导电类型相同(PNP 型代换 PNP 型,NPN 型代换 NPN 型);其次,要注意管子的参数是否相似。更换管子后,由于偏置不同,需重新调整偏置电阻。

"卡脖子"
技术

学习评价

表 6-9　任务二学习评价表

评价项目	评价权重	评价内容		评分标准	自评	互评	师评
学习态度	20%	出勤与纪律	①出勤情况 ②课堂纪律	10 分			
		学习参与度	团结协作、积极发言、认真讨论	5 分			
		任务完成情况	①技能训练任务 ②其他任务	5 分			

续表

评价项目	评价权重	评价内容		评分标准	自评	互评	师评
专业理论	30%	半导体三极管管型及极性判定	怎样判定半导体三极管的管型	15分			
			半导体三极管极性的判定方法是什么	15分			
专业技能	40%	能用万用表检测半导体三极管的管型	①万用表使用正确 ②测试方法正确 ③读数准确	30分			
		能用万用表判断半导体三极管的极性	①万用表使用正确 ②测试方法正确 ③准确判断	10分			
职业素养	10%	注重文明、安全、规范操作、善于沟通、爱护财产,注重节能环保		10分			
综合评价							

任务三　认识与检测贴片三极管

任务描述

　　贴片三极管是现代电子产品中的主要元器件之一。通过对常见贴片三极管外形结构的识别,极性标志的判断,真正认识贴片三极管,并学会检测贴片三极管性能好坏及电极判断,才能在实际生产运用中选择合适的贴片三极管,充分发挥贴片三极管在电路中的作用。

任务分析

　　贴片三极管的种类较多,外部特征各有不同。本任务就是通过观察贴片三极管,了解其外形及电极标志;通过检测,了解贴片三极管的检测方法、步骤及注意事项。

任务实施

　　贴片半导体三极管又称贴片晶体三极管(简称贴片三极管),它与普通半导体三极管的工作原理一样,是在电路中主要起放大、振荡或开关等作用的半导体电子器件。

活动一　认识各种贴片半导体三极管的外形与电极识读方法

看一看　贴片三极管有 3 个电极的,也有 4 个电极的。一般 3 个电极的贴片三极管从顶端往下看有两边,上边只有一脚的为集电极,下边的两脚分别是基极和发射极。在 4 个电极的贴片三极管中,比较大的一个引脚是三极管的集电极。各种贴片三极管的外形如图 6-7 所示。

图 6-7　各种形状的贴片半导体三极管

贴片三极管主要是代码标注法,元件表面的印字有单字母、双字母、多字母、数字等多种标注方式。由印字(代码)查资料得知元件的具体型号,再由型号查资料得知该元件的相关参数值。单从印字上往往看不出晶体管的使用参数。贴片晶体管的印字具有"一代多"的现象,相同的印字可能代表不同的贴片晶体管,而且同一家的产品也可能有"一代多"的现象。具体内容可查询相应资料。

学一学　贴片半导体三极管极性判断方法见表 6-10。

表 6-10　贴片半导体三极管极性判断方法

种　类	示意图	说　明
3 个电极的贴片三极管	集电极 C　发射极 E　基极 B　　—3.5 mm—　C(G)　2 mm　B(S)　E(D)	3 个电极的贴片三极管,一般为左基极、右发射极、中间集电极
4 个电极的贴片三极管	集电极 C　基极 B　发射极 E　　4 mm　2 mm　E C B	4 个电极的贴片三极管,其中(往往是中间相对应的)两端子是相通的,从背面可看出直接相连,多为集电极,兼用于散热,将相连的端子当作一个端子——集电极

续表

种　类	示意图	说　明
带阻贴片晶体管		带阻贴片晶体管,内部有基极串接电阻 R_1 和发射结并联电阻 R_2,测量结果是发射结正、反向电阻值相近

活动二　贴片半导体三极管的检测

学一学

1.贴片半导体三极极性判断

在工程技术中,贴片半导体三极管与普通半导体三极管的内部结构基本相同,因此,贴片半导体三极管的检测与普通半导体三极管的检测方法基本相同。下面仅介绍用数字式万用表检测贴片半导体三极管。

将数字万用表打到蜂鸣二极管位置,首先用红表笔接假定三极管的一只引脚为 B 极,再用黑笔分别触碰其余两只引脚。如果测得两次读数相差不大,且都在 600 mV 左右,则表明假定是对的,红笔接的就是 B 极,而且此管为 NPN 型管。C,E 极的判断是,在两次测量中黑笔接触的引脚,读数较小的是 C 极,读数较大的是 E 极,如图 6-8 所示。红表笔接 B 极,当测得的两级数值都不在范围内,则按 PNP 型管测。PNP 型管的判断只需把红黑表笔调换即可,测量方法同上。

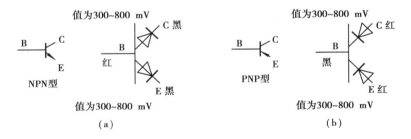

图 6-8　数字万用表检测贴片半导体三极管

2.贴片半导体三极好坏判断

按以上方法测量时,两组读数在 300~800 mV 为正常;如果有一组数值不正常,三极管为坏;如果两组数值相差不大,说明三极管性能变坏。

测量 CE 两脚,如果读数为 0,说明三极管 CE 之间短路或击穿;如果读数非常大,说明三极管 CE 之间开路。

技能训练

认一认

在工位上的电脑主板中找出各贴片半导体三极管。

做一做

将工位上的 5 只贴片半导体三极管编号后进行检测,并按要求填入表 6-11 中。

表 6-11　贴片半导体三极管检测

序号	型号	贴片半导体三极管的检测				画出示意图标出其电极
		万用表量程	BE 间电阻值	BC 间电阻值	CE 间电阻值	
1			红笔接 B	红笔接 B	红笔接 C	
			黑笔接 B	黑笔接 B	黑笔接 C	
2			红笔接 B	红笔接 B	红笔接 C	
			黑笔接 B	黑笔接 B	黑笔接 C	
3			红笔接 B	红笔接 B	红笔接 C	
			黑笔接 B	黑笔接 B	黑笔接 C	
4			红笔接 B	红笔接 B	红笔接 C	
			黑笔接 B	黑笔接 B	黑笔接 C	
5			红笔接 B	红笔接 B	红笔接 C	
			黑笔接 B	黑笔接 B	黑笔接 C	

知识拓展

常见贴片元件尺寸规范介绍

电子电气
之父

中国半导体
教父

在贴片元件的尺寸上为了让所有厂家生产的元件之间有更多的通用性,国际上各大厂家进行了尺寸要求的规范工作,形成了相应的尺寸系列。其中,在不同国家采用不同的单位基准主要有公制和英制,对应关系如下:

单位(英制)　0201　　　0402　　　0603　　　0805　　　1008　　　1206　　　1210

单位(公制)　0.6×0.3　1.0×0.5　1.6×0.8　2.0×1.25　2.5×2.0　3.2×1.6　3.2×2.5

注:①此处的 0201 表示 0.02 in×0.01 in,其他相同;0.6×0.3 表示 0.6 cm×0.3 cm,其他相同。

②在材料中,其他尺寸规格有:0202,0303,0504,1808,1812,2211,2220 等。但是,它们在实际使用中使用范围并不广泛,所以不做介绍。

③在实际应用中,各种尺寸的名称有所不同,一般情况下多使用英制单位。

＊1 in = 2.54 cm

学习评价

表 6-12　任务三学习评价表

评价项目	评价权重	评价内容		评分标准	自评	互评	师评
学习态度	20%	出勤与纪律	①出勤情况 ②课堂纪律	10分			
		学习参与度	团结协作、积极发言、认真讨论	5分			
		任务完成情况	①技能训练任务 ②其他任务	5分			
专业理论	30%	贴片半导体三极管测试步骤及目测方法	贴片半导体三极管测试步骤有哪些	15分			
			怎样目测贴片三极管极性	15分			
专业技能	40%	能目测判断贴片三极管的引脚	①方法正确 ②判断准确	30分			
		能用万用表判断贴片半导体三极管的好坏	①万用表使用正确 ②测试方法正确 ③准确判断	10分			
职业素养	10%	注重文明、安全、规范操作、善于沟通、爱护财产,注重节能环保		10分			
综合评价							

【项目技能考核评价标准】

半导体三极管的识别与检测技能考核评价标准表

姓名		日期		指导教师		
考核评价地点			考核评价时间		1 h	
评价内容、要求、标准						
评价内容	评价要求		配分	评价标准		得　分
半导体三极管类型识读	在电路板或混合元件袋中选出 10 只半导体三极管,根据其标注说出半导体三极管材料、类型		20分	每正确 1 只给 2 分		

续表

评价内容	评价要求	配分	评价标准	得　分
半导体三极管极性识读	任选 10 只半导体三极管,判别每只半导体三极管的极性	20 分	每正确 1 只给 2 分	
贴片半导体三极管识读	选 5 只贴片半导体三极管分别指出其种类	10 分	每正确 1 只给 2 分	
半导体三极管管型判断	任选 10 只半导体三极管,用万用表判断其管型	20 分	测试与判断方法正确每只给 2 分	
半导体三极管极性检测	用万用表进行检测判断半导体三极管极性	10 分	对不同半导体三极管的正确检测,每只给 2 分	
贴片半导体三极管的识别	任选 5 只贴片半导体三极管进行性能识别	10 分	每正确 1 只给 2 分	
职业素养	注重文明、安全、规范操作,善于沟通、爱护财产,注重节能环保	10 分	出现安全事故扣 10 分。损坏仪表或元器件扣 10 分,违反操作规程扣 5 分,缺乏职业意识、无法解决实际问题、超过规定的时间等酌情扣分	

评价结论:

场效应管的识别与检测

在电子产品中，有一种电子元件和三极管的作用一样能对信号放大，但它与三极管的控制方式不同，那么这个电子元件是什么呢？

一个人在科学探索的道路上，走过弯路，犯过错误，并不是坏事，更不是什么耻辱，要在实践中勇于承认和改正错误。

——爱因斯坦

【知识目标】

● 能描述场效应管作用及命名方式。
● 能识读场效应管并画出相应符号。

【技能目标】

● 能识别不同的场效应管。
● 会用万用表进行场效应管管脚及好坏的判断。
● 能进行场效应管的代换。

【素养目标】

● 培养学生严谨细致的工作作风和学习态度。
● 培养学生规范操作和团队协作意识。

任务一　认识场效应管

任务描述

在电子产品生产、制造过程中,场效应管是一种应用极其广泛的放大器件。场效应管与三极管外形结构相似,功能也基本相同,但比三极管优点更突出。三极管是一种电流控制器件,而场效应管则是一种电压控制器件。只有通过标志区分场效应管和三极管以及搞清楚各种场效应管的类型、符号、参数,才能有效地发挥场效应管的功能及作用。

任务分析

本任务通过观察场效应管来认识场效应管的外形结构,了解场效应管的作用、种类、参数及命名规则。

任务实施

场效应晶体管(Field Effect Transistor),简称场效应管,是一种通过对输入回路电场效应的控制来控制输出回路电流的器件。场效应管也是一种具有 PN 结结构的半导体器件,外形与晶体三极管相似,不同之处在于它是电压控制器件,在电路中主要作用是前置放大、振荡、调频、限幅等,几乎与三极管的作用相同。现在让我们一起来认识一下各种不同类型的场效应管吧!

活动一　认识场效应管型号命名及其种类、符号

记一记　场效应管的命名规则是不固定的,其型号、生产厂家等不同,命名规则也不同。

①根据场效应管的极性、材料和类型,采取的命名规则如下:

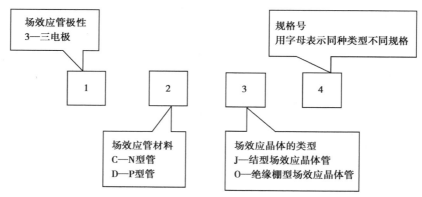

例如,3DJ6D 是 P 沟道结型场效应管,3DO6C 是 P 沟道绝缘栅型场效应管。

②根据场效应管的型号和序号,采取的命名规则如下:

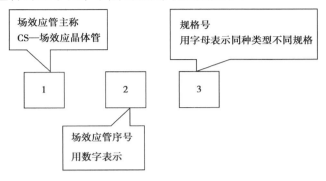

例如,CS14A,CS45G 等。

③根据场效应管的漏极电流和沟道等参数指标,采取的命名规则如下:

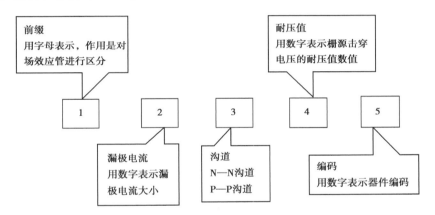

④国际上大多数场效应管命名采用代表公司的字母加表示型号的数字表示,如图 7-1—图 7-3 所示。

图 7-1 日本 NEC 公司的 K15 系列产品

图 7-2 美国 IR 公司产品

读一读 常用场效应管按场效应管的材料,可分为 P 沟道和 N 沟道两种;按场效应管的结构形式,可分为结型(JFET)和绝缘栅型(MOSFET),其中绝缘栅型又分为增强型和耗尽型。因此,场效应管可分为 P 沟道结型场效应管、N 沟道场效应管、N 沟道增强型

图 7-3　其他常见的场效应管

MOSFET、P 沟道增强型 MOSFET、N 沟道耗尽型 MOSFET、P 沟道耗尽型 MOSFET。常见场效应管种类及符号见表 7-1。

表 7-1　常用场效应管种类及符号

种　类		符　号	实物照片	说　明
结型场效应管	N 沟道	NJFET	IRFP150N	它是由 N 型半导体材料制成电流通道,两侧两个较高掺杂浓度的 P 型半导体材料控制沟道的宽窄,在 N 型半导体两端和 P 型半导体材料处引出 3 个电极,在表面涂上环氧树脂密封而成。具有制造工艺简单、输入阻抗大易于集成,但稳定性较差、误差较大等特点。常见的有 3DJ,IRFP150N,NEC3435 等
	P 沟道	PJFET	K3562	它是由 P 型半导体材料制成电流通道,两侧两个较高掺杂浓度的 N 型半导体材料控制沟道的宽窄,在 P 型半导体两端和 N 型半导体处引出 3 个电极,在表面涂上环氧树脂密封而成。常见的有 3CJ6D,IRLC014,K3562 等
绝缘栅型场效应管	N 沟道增强型	增强型NMOS	IRL3803	在 P 型半导体材料衬底上,扩散两个高掺杂浓度的 N 型半导体材料区,在两个区引出两个电极,再将两个区的表面和衬底表面很薄的一层二氧化硅连接在一起,并在表面涂上环氧树脂密封制成。体积小、精度高、稳定性好,但成本较高、工艺较复杂。常见的有 3DO6C,IRL3803 等

续表

种 类	符 号	实物照片	说 明
P沟道增强型	增强型PMOS	IRF4905	在N型半导体材料衬底上,扩散两个高掺杂浓度的P型半导体材料区,在两个区引出两电极,再将两个区的表面和衬底表面连接成一极,最后表面封装制成。体积小、精度高、稳定性好、噪声小、成本高、工艺较复杂。常见的有IRF4905,3CO6C等
N沟道耗尽型	耗尽型NMOS	IRFPE30	结构与N沟道增强型类似,只是制造工艺不同,使其栅极和源极之间电压可以为负。常见的有 3DO4,FDU8780,IRFPE30等
P沟道耗尽型	耗尽型PMOS	AO3401	结构与P沟道增强型类似,只是预埋导电层,使栅极和源极之间电压为负,仍有一定的漏极电流。常见的有AO3401,2SK385等

(绝缘栅型场效应管)

活动二 场效应管的作用及主要参数

读一读

1.场效应管作用

场效应管的作用是利用电场来控制电流的电压控制器件。在电路中它的主要作用是前置放大、振荡、调频、限幅、功放等,基本与半导体三极管作用相同。

半导体三极管是电流控制器件,即通过输入端电流的变化来控制输出端的变化,而场效应管是电压控制器件,即通过输入电压的变化来控制输出端的变化。输入端采用电压的优点是输入不取用信号源电流,输入阻抗大,几乎不对信号源产生影响。

2.场效应管的主要参数

为了正确、安全地运用场效应管,防止静电、误操作或储存不当而损坏场效应管,必须对场效应管主要参数有所了解和掌握。场效应管的参数多达几十种,主要参数及含义见表7-2,仅作为参考。

表 7-2　场效应管主要参数

参　数	含　义	说　明
跨导(g_{m})	U_{ds}一定时,漏极电流变化量 ΔI_{d}和引起这个变化的栅源电压变化量 ΔU_{gs}之比即为跨导 g_{m},它表示栅源电压对漏极电流的控制能力 $g_{\mathrm{m}}=\dfrac{\Delta I_{\mathrm{D}}}{\Delta U_{\mathrm{CS}}}$	是表征场效应管放大能力的重要参数
开启电压 U_{T}	增强型场效应管开始导通时,所需加的 U_{GS}的值	是增强型 MOS 管的参数
夹断电压 U_{P}	耗尽型场效应管 I_{D}减小到近于零时的 U_{GS}的值	是耗尽型 FET 的参数
最大允许耗散功率 P_{dsm}	场效应管正常工作允许耗散的最大功率	使用时,场效应管实际功耗应小于 P_{dsm}并留有一定余量
漏源击穿电压 $U_{(\mathrm{BR})\mathrm{DS}}$	当漏极电流急剧上升时,产生雪崩击穿时的 U_{DS}	这是一项极限参数,加在场效应管上的工作电压须小于漏源击穿电压

技能训练

认一认

观察图 7-4 中场效应管的实物图片,查资料了解相关参数,并说出场效应管类型。

图 7-4　场效应管实物图

画一画

画出各种场效应管的电路符号并说明名称。

练一练

将工位上的 5 只场效应管编号,识读并按要求填入表 7-3 中。

表 7-3　场效应管识读

序号	管　型	符　号	特　点
1			
2			
3			
4			
5			

查一查

利用课余时间上网搜一搜关于场效应管的识别与检测知识。

知识拓展

VMOS 场效应管简介

VMOS 场效应管全称为 V 形槽 MOS 场效应管,是在一般 MOS 场效应管的基础上发展起来的新型高效功率开关器件。它不仅继承了 MOS 场效应管输入阻抗高(大于 100 MΩ)、驱动电流小(0.1 μA 左右),还具有耐压高(最高 1 200 V)、工作电流大(1.5 ~ 100 A)、输出功率高(1 ~ 250 W)、跨导线性好、开关速度快等优良特性。目前,它已在高速开关、电压放大(电压放大倍数可达数千倍)、射频功放、开关电源及逆变器等电路中得到了广泛应用。由于它兼有电子管和晶体管的优点,用它制作的高保真音频功放,音质温暖甜润而又不失力度,备受爱乐人士青睐,因而在音响领域有着广阔的应用前景。VMOS 管和一般 MOS 管一样,也可分为 N 型沟道和 P 型沟道两种,每种又可分为增强型和耗尽型两类,其分类特征与一般的 MOS 管相同。VMOS 场效应管有以下特点:

1.输入阻抗高

由于栅源之间是 SiO_2 层,栅源之间的直流电阻基本上就是 SiO_2 绝缘电阻,一般达 100 MΩ 左右,交流输入阻抗基本上就是输入电容的容抗,驱动电流小。由于输入阻抗高,VMOS 管是一种压控器件,一般有电压就可以驱动,所需的驱动电流极小。

2.跨导的线性较好

具有较大的线性放大区域,与电子管的传输特性十分相似。较好的线性就意味着有较低的失真,尤其是具有负的电流温度系数(即在栅极与源极之间电压不变的情况下,导通电流会随管温升高而减小),故不存在二次击穿所引起的管子损坏现象。因此,VMOS 管的并联得到了广泛的应用。

3.结电容无变容效应

VMOS 管的结电容不随结电压而变化,无一般晶体管结电容的变容效应,可避免由变容效应招致的失真。

4.频率特性好

VMOS 场效应管的多数载流子运动属于漂移运动,且漂移距离仅 1 ~ 1.5 μm,不受晶体管那样的少数载流子基区过渡时间限制,故功率增益随频率变化极小,频率特性好。

5.开关速度快

由于没有少数载流子的存储延迟时间,VMOS 场效应管的开关速度快,可在 20 ns 内开启或关断几十安电流。

中国古代
著名工匠

学习评价

表 7-4 任务一学习评价表

评价项目	评价权重	评价内容		评分标准	自评	互评	师评
学习态度	20%	出勤与纪律	①出勤情况 ②课堂纪律	10分			
		学习参与度	团结协作、积极发言、认真讨论	5分			
		任务完成情况	①技能训练任务 ②其他任务	5分			
专业理论	20%	清楚场效应管的作用、种类及参数	场效应管在电路中有哪些作用	5分			
			场效应管有哪些种类	5分			
			场效应管的主要参数有哪些	10分			
专业技能	50%	能在规定时间内找到常见的场效应管并说出名称	任选5只场效应管,指出其名称	35分			
		能在规定的时间内画出场效应管的符号	①准确性 ②规范性	15分			
职业素养	10%	注重文明、安全、规范操作、善于沟通、爱护财产,注重节能环保		10分			
综合评价							

任务二 检测场效应管

任务描述

在电子电路中,场效应管性能的好坏直接影响着各电路功能的实现。只有知道了检测场效应管性能的好坏及电极判断的方法后,才能正确使用和选择合适的场效应管,保证场效应管在电路中正常工作并发挥其应有的作用。

任务分析

本任务就是通过用万用表检测结型场效应管阻值来判断场效应管性能的好坏,了解检测结型场效应管的一些基本方法、步骤及注意事项。

任务实施

学一学 场效应管的检测可用指针式万用表,也可用数字万用表。下面以 MF47 型指针式万用表检测结型场效应管为例,实施场效应管检测步骤见表 7-5。

表 7-5 结型场效应管检测步骤

步　骤	方　法	结　论
判别场效应管的电极	将万用表置于 R×1 kΩ 挡,任选两电极,分别测出它们之间的正、反向电阻	若正、反向电阻值相等(约几千欧),则该两极为漏极 D 和源极 S,余下的则为栅极 G
判别场效应管的好坏	将万用表置于 R×10 kΩ 挡,测量源极与漏极之间的电阻,通常在几十欧到几千欧	①若测量值大于正常值(在手册中可查),可能是由于接触不良 ②若测得阻值无穷大可能是内部断极
	将万用表置于 R×10 kΩ 挡,再测栅极与漏极、栅极与源极之间的电阻值	①若各项阻值均为无穷大,则说明是正常的 ②若阻值太小或为通路,则说明管坏

提示

①场效应管的漏极和源极在结构上是对称的,可以互换使用。

②结型场效应管的栅压不能接反,但可以开路保存。在运输和储藏中,必须将引出脚短路或采用金属屏蔽包装。焊接时,电烙铁要接地,最好拔掉电源,用余热焊接,防止管子击穿。

③结型场效应管可直接用万用表检测,但绝缘栅型场效应管不能。但检测时要用测试电路或测量仪器检测,并且管子接入电路后才可去掉短接线,测完后先短接再取下。

技能训练

将工位上的场效应管做好序号标记后识读、检测,并将检测结果填入表 7-6 中。

表 7-6　场效应管识读检测

序号	场效应管型号	场效应管检测			
		万用表量程	DS 正反电阻值	DG 正反电阻值	GS 正反电阻值
1					
2					
3					
4					
5					

知识拓展

数字式万用表检测场效应管

前面学习了如何用指针万用表检测场效应管,现在来简单了解一下用数字式万用表检测场效应管的方法及步骤。

常用的 MOS 管 GDS 3 个引脚是固定的,不管是 N 沟道型还是 P 沟道型都一样。应将芯片放正,从左到右分别为 G 极、D 极、S 极,如图 7-5 所示。用二极管挡对 MOS 管的测量,首先要短接 3 只引脚对管子进行放电。

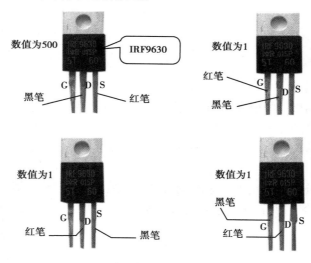

图 7-5　用数字式万用表检测场效应管

①用红表笔接 S 极,黑表笔接 D 极。如果测得有 500 多的数值(阻值大小为 500 mV),说明此管为 N 沟道。

②黑笔不动,用红笔去接触 G 极测得数值为 1(阻值为无穷大),如图 7-5 所示。

③红笔移回到 S 极,此时管子应该导通。

④然后红笔测 D 极,黑笔测 S 极,应该测得数值为 1(阻值为无穷大)。

⑤最后红笔不动,黑笔去测 G 极,数值应该为 1(阻值为无穷大),如图 7-5 所示。

到此则可判定此 N 沟道场管为正常。当然。对 P 沟道的测量步骤也一样,只不过第一步为黑表笔测 S 极,红表笔测 D 极,可测得 500 多的数值。

利用数字万用表不仅能判别场效应管的电极,还可测量场效应管的放大系数。将数字万用表调至 h_{FE} 挡,场效应管的 G,D,S 极分别插入 h_{FE} 测量插座的 B,C,E 孔中(N 沟道管插入 NPN 插座中,P 沟道管插入 PNP 插座中)。此时,显示屏上会显示一个数值,这个数值就是场效应管的放大系数。若电极插错或极性插错,则显示屏将显示为"000"或"1"。

从木匠到
电子工匠

学习评价

表 7-7　任务二学习评价表

评价项目	评价权重	评价内容		评分标准	自评	互评	师评
学习态度	20%	出勤与纪律	①出勤情况 ②课堂纪律	10 分			
		学习参与度	团结协作、积极发言、认真讨论	5 分			
		任务完成情况	①技能训练任务 ②其他任务	5 分			
专业理论	20%	场效应管的测试方法及相关常识	说出场效应管检测的主要方法	10 分			
			场效应管检测的注意事项	10 分			
专业技能	50%	能用万用表检测判别出场效应管的电极	①万用表使用正确 ②测试方法正确 ③读数准确	20 分			
		能用万用表判断场效应管的好坏	①万用表使用正确 ②测试方法正确 ③准确判断	30 分			
职业素养	10%	注重文明、安全、规范操作、善于沟通、爱护财产,注重节能环保		10 分			
综合评价							

【项目技能考核评价标准】

场效应管的识别与检测技能考核评价标准表

姓名			日期		指导教师	
考核评价地点				考核评价时间		1 h
评价内容、要求、标准						
评价内容	评价要求		配分	评价标准		得　分
场效应管型号参数的识别	在电路板或混合元件袋中选出 10 只场效应管,根据场效应管体表面标注,说出场效应管类型、名称		30 分	每正确 1 只给 3 分		
场效应管的作用及分类	能够说出场效应管的作用及分类		10 分	按其准确性酌情给分		
场效应管的电路符号	能够画出 6 种常见的场效应管的电路符号		15 分	每正确 1 只给 2 分		
场效应管的检测	在规定时间内,任选 5 只结型场效应管,用万用表检测,并记录测试结果,判别其质量		30 分	测试方法与结果正确每次给 6 分		
职业素养	注重文明、安全、规范操作,善于沟通、爱护财产,注重节能环保		15 分	出现安全事故扣 10 分,损坏仪表或元器件扣 10 分,违反操作规程扣 5 分,缺乏职业意识、无法解决实际问题、超过规定的时间等酌情扣分		
评价结论:						

晶闸管的识别与检测

KCZ2A 集成化二脉冲触发组件

晶闸管

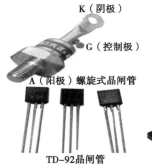

K（阴极）

G（控制极）

A（阳极）螺旋式晶闸管

TD-92晶闸管

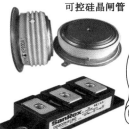

可控硅晶闸管

三相晶闸管整流半桥

调光台灯能控制光线的强弱，电烤箱能控制温度的高低，它们是用什么元器件来控制的呢？

不登高山，不知天之高也；
不临深溪，不知地之厚也。
——《荀子》

【知识目标】

- 能识读晶闸管并画出相应符号。
- 能描述晶闸管的作用及命名方式。

【技能目标】

- 能识别不同的晶闸管。
- 会用万用表检测不同晶闸管管脚并进行好坏判断。
- 能进行晶闸管代换。

【素养目标】

- 培养学生分析问题和解决问题的能力。
- 培养学生节能环保意识。

任务一　认识晶闸管

任务描述

电子电路中有一种常用的半导体器件——晶闸管（Silicon Controlled Rectifier，简写为SCR，也称可控硅）。它是一种开关元件，能在高电压、大电流条件下工作，并且其工作过程可以控制，被广泛应用于可控整流、交流调压、无触点电子开关、逆变及变频等电子电路中，是典型的小电流控制大电流的设备。因此，对晶闸管外形和标志的识别，搞清楚各种晶闸管的类型、符号和参数才能有效地发挥晶闸管的功能及作用。

任务分析

本次任务主要利用图片及晶闸管实物来认识晶闸管，通过对其命名规则的学习、相关参数的了解，能够区分、识别各种晶闸管的外形结构，明确晶闸管相应参数的含义。

任务实施

晶闸管的种类很多，让我们一起来认识一下常见的晶闸管吧！

活动一　认识晶闸管型号命名及其种类、符号

记一记　按国家标准规定，晶闸管的型号命名由4个部分构成。其命名规则如下：

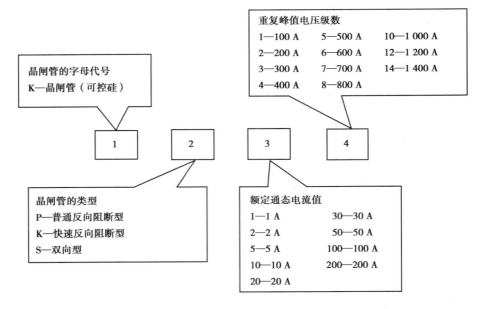

重复峰值电压级数
1—100 A　　5—500 A　　10—1 000 A
2—200 A　　6—600 A　　12—1 200 A
3—300 A　　7—700 A　　14—1 400 A
4—400 A　　8—800 A

晶闸管的字母代号
K—晶闸管（可控硅）

晶闸管的类型
P—普通反向阻断型
K—快速反向阻断型
S—双向型

额定通态电流值
1—1 A　　　　30—30 A
2—2 A　　　　50—50 A
5—5 A　　　　100—100 A
10—10 A　　　200—200 A
20—20 A

读一读　晶闸管有很多种，按其功能可分为单向晶闸管、双向晶闸管、光控晶闸管、

逆导晶闸管、可关断晶闸管及快速晶闸管。常见的晶闸管种类符号及特点见表 8-1。

表 8-1　常用晶闸管种类、符号及特点

种类	符号	实物照片	特点
单向晶闸管			单向晶闸管是一种可控整流件，又称可控硅(SCR)，同时它又是一种大功率半导体器件，具有体积小、质量轻、耐压高、容量大、效率高、控制灵敏、使用和维护方便等优点。它既具有单向导电的整流作用，又具有以弱电控制强电的开关作用
双向晶闸管			双向晶闸管实际是由两个单向晶闸管反向并联构成，$A_1(T_1)$ 为第一阳极，$A_2(T_2)$ 为第二阳极，双向晶闸管在第一阳极和第二阳极两个电极间接任何极性的工作电压都可实现触发导通控制
光控晶闸管			光控晶闸管又称光触发晶闸管，国内也称 GK 型光开关管，是一种光敏器件。光控晶闸管除了触发信号不同以外，其他特性基本与普通晶闸管是相同的，因此在使用时可按照普通晶闸管选择，只要注意它是光控这个特点就行了
逆导晶闸管			逆导晶闸管是一种对负阳极电压没有开关作用，反向时能通过大电流的晶闸管。特点是在晶闸管的阳极与阴极之间反向并联一只二极管，使阳极与阴极的发射结均呈短路状态
可关断晶闸管			可关断晶闸管又称门控晶闸管。其主要特点是当门极加负向触发信号时晶闸管能自行关断
快速晶闸管			快速晶闸管是指可以在 400 Hz 以上频率工作的晶闸管，其结构原理符号与普通晶闸管相同，它不仅要有良好的静态特性，尤其要有良好的动态特性。主要用于较高频率的整流、斩波、逆变及变频电路

活动二　晶闸管的作用及主要参数

读一读　晶闸管是一种可控硅,也是一种半导体器件。它除了有单向导电性,还可作为整流管和可控管使用。它通常应用于整流、逆变、调压及开关等方面,应用最多的是整流,但其过载能力和抗干扰能力较差,控制电路复杂。

选择使用晶闸管的关键是知道其参数,晶闸管的主要参数见表 8-2。

表 8-2　晶闸管的主要参数

参　数	含　义	说　明
通态平均电流 $I_{T(AV)}$	简称正向电流,是指在标准散热条件和规定环境温度下(不超过 40 ℃),允许通过工频(50 Hz)正弦半波电流在一个周期内的最大平均值	选用一个晶闸管时,要根据所通过的具体电流波形来计算出允许使用的电流有效值。该值要小于晶闸管额定电流对应的有效值,晶闸管才不会损坏
维持电流 I_H	是指在规定的环境温度和控制极断路的情况下,维持晶闸管继续导通时需要的最小阳极电流	一般为几十到几百毫安,维持电流与结温有关,结温越高,维持电流越小,晶闸管越难关断
正向重复峰值电压 U_{DRM}	是指控制极断开时,允许重复加在晶闸管两端的正向峰值电压	每秒 50 次,每次持续时间不大于 10 ms
反向重复峰值电压 U_{RRM}	是指允许重复加在晶闸管上的反向峰值电压	每秒 50 次,每次持续时间不大于 10 ms
额定电压 U_D	通常把 U_{DRM} 和 U_{RRM} 中较小的一个值称为晶闸管的额定电压	在选用晶闸管时,应该使其额定电压为正常工作峰值的 2~3 倍,以作为安全裕量

技能训练

认一认

观察图 8-1 中晶闸管的实物图,说出晶闸管类型、参数。

图 8-1　晶闸管实物图

练一练

将工位上的 5 只晶闸管编号、识读,并按要求填入表 8-3 中。

表 8-3 晶闸管的识读

序 号	管 型	符 号	特 点
1			
2			
3			
4			
5			

知识拓展

晶闸管的发展历史

1955 年,美国通用电气公司发表了世界上第一个以硅单晶为半导体整流材料的硅整流器(SR),1957 年又发表了全球首个用于功率转换和控制的可控硅整流器(SCR)。由于它们具有体积小、质量轻、效率高、寿命长的优势,尤其是 SCR 能以微小的电流控制较大的功率,令半导体电力电子器件成功从弱电控制领域进入了强电控制领域和大功率控制领域。在整流器的应用上,晶闸管迅速取代了水银整流器(引燃管),实现了整流器的固体化、静止化和无触点化,并获得了巨大的节能效果。从 20 世纪 60 年代开始,由普通晶闸管相继衍生出了快速晶闸管、光控晶闸管、不对称晶闸管及双向晶闸管等各种特性的晶闸管,形成一个庞大的晶闸管家族。

电子封装
工匠

学习评价

表 8-4 任务一学习评价表

评价项目	评价权重	评价内容		评分标准	自评	互评	师评
学习态度	20%	出勤与纪律	①出勤情况 ②课堂纪律	10 分			
		学习参与度	团结协作、积极发言、认真讨论	5 分			
		任务完成情况	①技能训练任务 ②其他任务	5 分			

续表

评价项目	评价权重	评价内容		评分标准	自评	互评	师评
专业理论	20%	清楚晶闸管的作用、种类及参数	晶闸管有哪些作用	5分			
			晶闸管有哪些种类	5分			
			晶闸管有哪些主要参数	10分			
专业技能	50%	能在规定时间内找到常见的晶闸管并说出名称	任选5只晶闸管,指出其名称	35分			
		能在规定的时间内画出各类晶闸管的符号	①准确性②规范性	15分			
职业素养	10%	注重文明、安全、规范操作、善于沟通、爱护财产,注重节能环保		10分			
综合评价							

任务二　检测晶闸管

任务描述

　　电子产品中晶闸管性能的好坏直接影响着各电路功能的实现,只有知道了检测晶闸管性能的好坏及电极判断的方法后,才能在电子产品生产、维护过程中选用合适的晶闸管,保证晶闸管能够在电子电路中正常工作并发挥其应有的作用。

任务分析

　　通常可用万用表检测晶闸管阻值的方法来判断晶闸管的性能是否良好。本任务通过对晶闸管实际检测操作,熟悉万用表的使用,了解检测常用晶闸管的一些基本方法、步骤及注意事项。

任务实施

　　晶闸管种类很多,本任务主要介绍单向晶闸管和双向晶闸管的检测方法。检测方法就是利用万用表检测引脚间的正反电阻值。

活动一 晶闸管的检测

学一学 用万用表检测单向晶闸管和双向晶闸管的方法不尽相同,两种晶闸管具体检测步骤及方法见表8-5。

表8-5 晶闸管的检测步骤

类 别	步 骤	方 法	现象与结论
单向晶闸管的检测	确定电极	万用表选 R×1 Ω 或 R×10 Ω 挡,用红、黑两表笔分别测任意两引脚间正反向电阻直至找出读数较小的一组(约几十欧)	此时黑表笔接的引脚为控制极 G,红表笔接的引脚为阴极 K,另一空脚为阳极 A
	判断性能	将万用表选 R×1 Ω 或 R×10 Ω 挡,黑表笔接已判断了的阳极 A,红表笔仍接阴极 K	①若万用表指针发生偏转,说明该单向晶闸管已击穿损坏 ②若万用表指针不动,用短线瞬间短接阳极 A 和控制极 G,万用表电阻挡指针向右偏转,阻值读数为 10 Ω 左右,则性能良好,否则晶闸管已损坏
双向晶闸管的检测	确定电极	万用表选 R×1 Ω 挡,用红、黑两表笔分别测任意两引脚间正反向电阻	若测得某引脚与任意引脚的正反电阻都不偏转时,则该引脚为第二阳极 A_2
		确定 A_2 后,再仔细测量剩下两极间正、反向电阻	读数相对较小的那次测量的黑表笔所接的引脚为第一阳极 A_1,红表笔所接引脚为控制极 G
	判断性能	将黑表笔接已确定的第二阳极 A_2,红表笔接第一阳极 A_1	此时万用表指针不发生偏转,阻值为无穷大
		再用短接线将 A_2,G 极瞬间短接	A_2,A_1 间阻值约 10 Ω
		随后断开 A_2,G 间短接线	万用表读数仍保持 10 Ω 左右
		互换红、黑表笔接线,重复以上操作,注意此时,仍然短接 A_2,G (用红表笔)	若出现相同的现象,则该晶闸管性能良好,否则晶闸管损坏

活动二 晶闸管的替换

读一读 晶闸管损坏后,若无同型号的晶闸管更换,可选用与其性能参数相近的其他型号晶闸管来替换。应用电路在设计时,一般均留有较大的裕量。在更换晶闸管时,只要注意其额定峰值电压(重复峰值电压)、额定电流(通态平均电流)、门极触发电压和门极触发电流即可,尤其是额定峰值电压与额定电流这两个指标。

替换晶闸管应与损坏晶闸管的开关速度一致。例如,在脉冲电路、高速逆变电路中使用的高速晶闸管损坏后,只能选用同类型的快速晶闸管,而不能用普通晶闸管来代换。选取代用晶闸管时,不管什么参数都不必留有过大的裕量,应尽可能与被代换晶闸管的参数相近,因为过大的裕量不仅是一种浪费,而且有时还会起副作用,出现不触发或触发不灵敏等现象。

技能训练

将工位上的晶闸管做好序号标记后识读检测,并将检测结果填入表 8-6 中。

表 8-6　晶闸管的识读检测

序号	晶闸管型号	晶闸管检测			
		万用表量程	AK(或 A_1A_2)阻值	AG(或 A_1G)阻值	GK(或 A_2G)阻值
1					
2					
3					
4					
5					

知识拓展

数字式万用表检测晶闸管

在实际应用当中,除了可用指针式万用表对晶闸管检测以外,还可使用数字万用表检测晶闸管。下面就简单介绍一下数字万用表检测晶闸管的具体方法。

将数字万用表置于二极管挡,红表笔固定任接某个管脚,用黑表笔依次接触另外两个管脚。如果在两次测试中,一次显示值小于 1 V,另一次显示溢出符号"OL"或"1"(视不同的数字万用表而定),则表明红表笔接的管脚不是阴极 K(单向晶闸管)就是主电极 T_2(双向晶闸管)。若红表笔固定接任意一个管脚,黑表笔接第二个管脚时显示的数值为 0.6~0.8 V,黑表笔接第三个管脚显示溢出符号"OL"或"1",且红表笔所接的管脚与黑表笔所接的第二个管脚对调时,显示的数值由 0.6~0.8 V 变为溢出符号"OL"或"1",就可判定该晶闸管为单向晶闸管,此时红表笔所接的管脚是控制极 G,第二个管脚是阴极 K,第三个管脚为阳极 A。若红表笔固定接一个管脚,黑表笔接第二个管脚时显示的数值为 0.2~0.6 V,黑表笔接第三个管脚显示溢出符号"OL"或"1",且红表笔所接的管脚与黑表笔所接的第二个管脚对调,显示的数值固定为 0.2~0.6 V,就可判定该管为双向晶闸管,此时红表笔所接的管脚是第一阳极 T_1,第二个管脚为控制极 G,第三个管脚是第二阳极 T_2。

电子材料
研发工匠

学习评价

表 8-7　任务二学习评价表

评价项目	评价权重	评价内容		评分标准	自评	互评	师评
学习态度	20%	出勤与纪律	①出勤情况 ②课堂纪律	10分			
		学习参与度	团结协作、积极发言、认真讨论	5分			
		任务完成情况	①技能训练任务 ②其他任务	5分			
专业理论	20%	晶闸管的测试方法及替换原则	说出晶闸管的测试方法	10分			
			晶闸管的替换要遵循什么样的原则	10分			
专业技能	50%	能用万用表检测判别出晶闸管的电极	①万用表使用正确 ②测试方法正确 ③读数准确	20分			
		能用万用表判断晶闸管的好坏	①万用表使用正确 ②测试方法正确 ③准确判断	30分			
职业素养	10%	注重文明、安全、规范操作、善于沟通、爱护财产,注重节能环保		10分			
综合评价							

【项目技能考核评价标准】

晶闸管的识别与检测技能考核评价标准表

姓名		日期		指导教师		
考核评价地点			考核评价时间		1 h	
评价内容、要求、标准						
评价内容	评价要求		配分	评价标准		得　分
晶闸管型号参数的识别	在电路板或混合元件袋中选出 10 只晶闸管,根据晶闸管体表面标注说出晶闸管类型、名称		30分	每正确 1 只给 3 分		

续表

评价内容	评价要求	配分	评价标准	得 分
晶闸管的作用及分类	能够说出晶闸管的作用及分类	10 分	按其准确性酌情给分	
晶闸管的电路符号	能够画出常见的晶闸管的电路符号	15 分	每正确 1 只给 2 分	
晶闸管的检测	在规定时间内,任选 5 只晶闸管,用万用表检测,并记录测试结果,判别其质量	30 分	测试方法与结果正确每次给 6 分	
职业素养	注重文明、安全、规范操作,善于沟通、爱护财产,注重节能环保	15 分	出现安全事故扣 10 分,损坏仪表或元器件扣 10 分,违反操作规程扣 5 分,缺乏职业意识、无法解决实际问题、超过规定的时间等酌情扣分	
评价结论:				

集成电路的识别与检测

电子产品体积越来越小，功能却越来越强大；我们用的手机越来越薄，功能越来越多。这是什么元器件在起作用呢？

合抱之木，生于毫末；
九层之台,起于累土;
千里之行,始于足下。
——老子

【知识目标】

● 能描述集成电路种类及引脚的识别方法。
● 知道集成电路常用检测方法及代换原则。

【技能目标】

● 能识别常用集成电路，能分清模拟集成电路和数字集成电路。
● 能判别集成电路管脚排列顺序。
● 能用万用表检测常用集成电路。

【素养目标】

● 培养学生在不影响电路功能的情况下，尽可能地选用国产集成电路来实现电路功能，以便推动电子产品的纯国产化发展进程的思想。
● 培养学生勇于开拓创新的精神，打破国外传统集成电路的研发方法和研究思维。

任务一 认识集成电路

任务描述

在现代电子产品中,很多电路板上都有集成电路,集成电路已成为电子产品中的核心元件。随着科技的发展,集成电路生产工艺水平的提高,集成度越来越大,从小规模、中规模、大规模集成电路发展到超大规模集成电路,规模越大,功能越强。集成电路的种类多,外部特征各有不同,只有通过对集成电路表面的型号、参数的识别,才能真正认识集成电路。

任务分析

本任务就是通过观察集成电路,了解集成电路的作用、种类、封装形式及命名规则,清楚集成电路的形状、引脚识别,了解集成电路的类型,从而认识集成电路。

任务实施

集成电路是现代任何一种电子设备中不可缺少的一种元件。集成电路是一种采用特殊工艺将晶体管、电阻、电容等元件集成在硅芯片上而形成的具有特定功能的器件。它在电路中的作用是各种各样的。

活动一 认识集成电路型号命名及种类

记一记 国家标准中集成电路的型号命名由 5 个部分构成。各部分的含义见表 9-1。其命名规则如下:

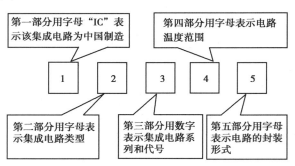

表 9-1　国家标准中集成电路的型号命名及含义

第一部分：国家标准		第二部分：电路类型		第三部分：电路系列和代号	第四部分：温度范围		第五部分：封装形式	
符号	含义	符号	含义		符号	含义	符号	含义
C	中国制造	B	非线性电路	用数字（一般为 4 位）表示电路系列和代号	C	0~70 ℃	B	塑料扁平封装
		C	CMOS 电路				D	陶瓷直插封装
		D	音响电视电路					
		E	ECL 电路		E	−40~85 ℃	F	全密封扁平封装
		F	线性放大器					
		H	HTL 电路				J	黑陶装直插封装
		J	接口电路		R	−55~85 ℃		
		M	存储器				K	金属菱形封装
		T	TTL 电路					
		W	稳压器		M	−55~125 ℃	T	金属圆形封装
		μ	微处理器					

例如，肖特基 4 输入与非门 CT54S20MD。其中，C—符合国家标准，T—TTL 电路，54S20—肖特基双 4 输入与非门，M—−55~125 ℃，D—多层陶瓷双列直插封装。

读一读　集成电路的分类见表 9-2。

表 9-2　集成电路的分类

分类方式	类　型		
按功能分	模拟集成电路	运算放大器、功率放大器、集成稳压电路、自动控制集成电路及信号处理集成电路等	
	数字集成电路	双极型	DTL，TTL，ECL，HTL
		单极型	JFET，NMOS，PMOS，CMOS
集成度的高低	小规模集成电路、中规模集成电路、大规模集成电路及超大规模集成电路		
制造工艺	半导体集成电路、薄膜集成电路、厚膜集成电路及混合集成电路		

活动二　认识常见的集成电路

集成电路(Integrated Circuit)是一种微型电子器件或部件。它是采用一定的工艺将一个电路中所需的晶体管、二极管、电阻、电容和电感等元件及布线互连在一起，制作在一小块或几小块半导体晶片或介质基片上，然后封装在一个管壳内，成为具有所需电路功能的微型结构。其中所有元件在结构上已组成一个整体，使电子元件向着微小型化、低功耗和高可靠性方面迈进了一大步。它在电路中用字母"IC"表示。集成电路具有体积小、质量轻、引出线和焊接点少、寿命长、可靠性高、性能好等优点,同时成本低,便于大规模生产。它不仅在工业、民用电子设备(如收录机、电视机、计算机等)方面得到广泛的应用,同时在军事、通信、遥控等方面也得到广泛的应用。用集成电路来装配电子设备,其装配密度比晶体管可提高几十倍至几千倍,设备的稳定工作时间也可大大提高。

读一读 常用集成电路外形及特点见表9-3。

表9-3 常见集成电路外形及特点

种 类	实物外形	特 点
集成稳压器		将不稳定的直流电压转换成稳定的直流电压的集成电路,用分立元件组成的稳压电源。其优点:固有输出功率大,适应性较广,成本低,制造工艺简单;缺点:热稳定性较差,误差较大
圆顶封装的集成电路		一般为圆形和菱形金属外壳封装,多用于集成运放电路
单列直插式集成电路		此类集成电路上的定位标记(第1引脚)一般为色点、凹坑、小孔、线条、色带、缺角等
双列直插式集成电路		种类繁多,功能齐全,内部电路复杂
计算机用 CPU		属于超大规模集成电路,内部电路非常复杂,功能强大
贴片集成电路		市面上见得最多的为贴片集成电路,功能强大,使用方便

活动三　集成电路的引脚识别及封装

看一看　各种不同的集成电路引脚有不同的识别标记和不同的识别方法,掌握这些标记及识别方法,对于使用、选购、维修测试是极为重要的。集成电路的引脚排列次序有一定规律,一般是从外壳顶部向下看,从左下角按逆时针方向读数。其中,第一脚附近一般有参考标志,如缺口、凹坑、斜面、色点等(见表9-4)。

表9-4　集成电路第1引脚标记

集成电路参考标记	
缺口	在IC的一端有一半圆形或方形的缺口
凹坑	在IC一角有一凹坑、色点或金属片
斜面切角	在IC一角或散热片上有一斜面切角
无识别标记	在整个IC无任何识别标记,一般可将有IC型号的一面面对自己,正视型号,从左下向右逆时针依次为1,2,3,…
有反向标志"R"的IC	某些IC型号末尾标有"R"字样,如HA××××A,HA××××AR。以上两种IC的电气性能一样,只是引脚互为相反
金属圆壳形IC	此类IC的管脚不同厂家有不同的排列顺序,使用前应查阅有关资料

常见的集成电路的外形有金属圆形封装、扁平陶瓷封装、单列直插式封装、双列直插式封装、四列扁平式封装、三脚封装等(见图9-1)。常见集成电路封装形式及引脚识别见表9-5。

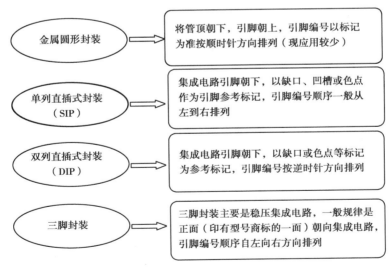

图9-1　常见集成电路

表 9-5　集成电路封装形式及引脚识别

封装形式	封装标记及引脚识别	引脚识别方法	特　点
金属圆形	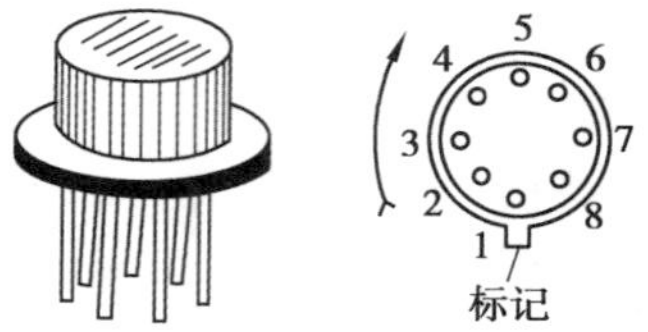	将引脚朝上,从 IC 凸起标记开始,顺时针计数	多用于集成运放,引脚多为 8,10,12 脚
单列直插式	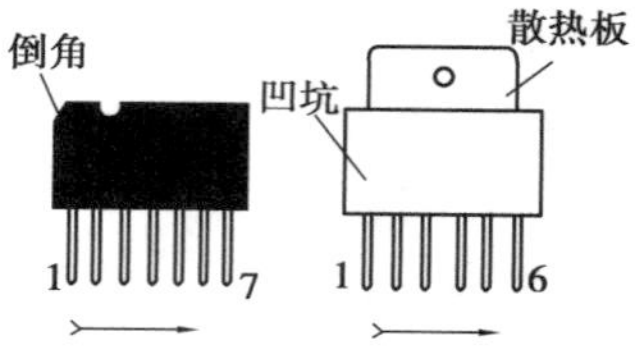	引脚朝下,面对型号或者定位标记,从标记的第一只引脚计数,依次为 1,2,3,4,5,6,7	只有一排引脚,引脚数常有 9,10,12,14,16 脚
双列直插式	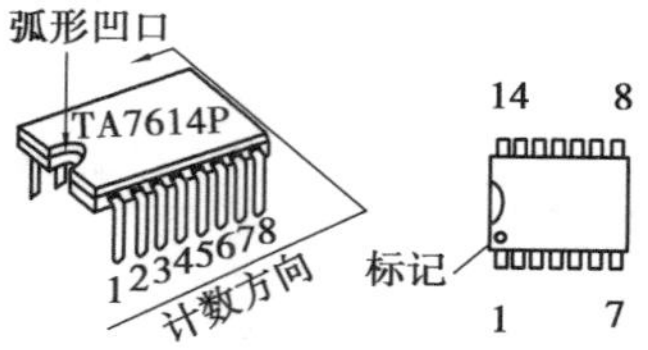	有 IC 正面字母代号的一面对着自己,定位标记朝左下方,标记旁引脚为 1,逆时针方向依次为 2,3,4,…	有两排引脚,引脚数一般有 8,12,14,16,24 脚
四列扁平式	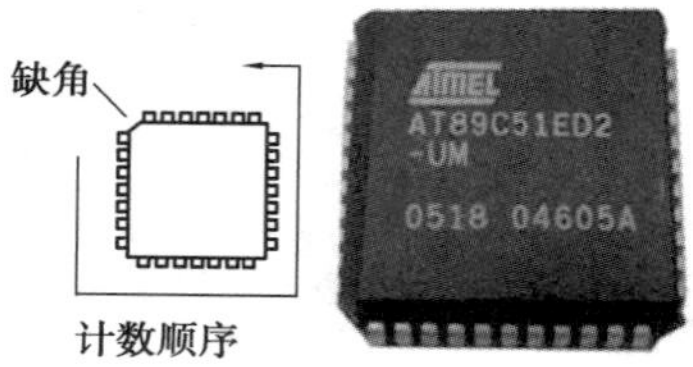	从缺角逆时针开始计数	引脚一般较多

集成电路的引出脚数目虽然很多,但引出脚的排列顺序具有一定的规律。在使用集成电路时,可按排列规律正确识别集成电路的引出脚。

技能训练

练一练

将工位上的 10 只集成电路做好序号标记后识读,并按要求填入表 9-6 中。

表 9-6　集成电路引脚识读

序号	型　号	引脚识读示意图
1		
2		

续表

序号	型　号	引脚识读示意图
3		
4		
5		
6		
7		
8		
9		
10		

说一说

说出识别常用集成电路引脚的方法。

知识拓展

集成电路的发展

1947 年,贝尔实验室的肖特莱等人发明了晶体管,这是微电子技术发展中第一个里程碑。我国集成电路产业诞生于 20 世纪 60 年代,共经历了 3 个发展阶段:1965—1978年,以计算机和军工配套为目标,以开发逻辑电路为主要产品,初步建立集成电路工业基础及相关设备、仪器、材料的配套条件;1978—1990 年,主要引进美国二手设备,改善集成电路装备水平,在"治散治乱"的同时,以消费类整机作为配套重点,较好地解决了彩电集成电路的国产化;1990—2000 年,以"908 工程""909 工程"为重点,以 CAD 为突破口,抓好科技攻关和北方科研开发基地的建设,为信息产业服务,在这段时期集成电路行业取得了新的发展。集成电路产业是对集成电路产业链各环节市场销售额的总体描述,它不仅仅包含集成电路市场,也包括 IP 核市场、EDA 市场、芯片代工市场、封测市场,甚至延伸至设备、材料市场。

学习评价

芯片加工
技术

表 9-7　任务一学习评价表

评价项目	评价权重	评价内容		评分标准	自评	互评	师评
学习态度	20%	出勤与纪律	①出勤情况 ②课堂纪律	10 分			
		学习参与度	团结协作、积极发言、认真讨论	5 分			
		任务完成情况	①技能训练任务 ②其他任务	5 分			

续表

评价项目	评价权重	评价内容		评分标准	自评	互评	师评
专业理论	30%	集成电路的种类、识别及封装	集成电路如何分类	5分			
			常见集成电路的型号由哪些部位组成	10分			
			怎样识别集成电路管脚	5分			
			集成电路的封装形式有哪些	10分			
专业技能	40%	能识读集成电路类型及参数	在电路板或各种混合电子元器件中认出10只集成电路,并识读其类型	20分			
		会画出常用集成电路引脚识别方法	在规定时间内画出集成电路引脚识别图	20分			
职业素养	10%	注重文明、安全、规范操作、善于沟通、爱护财产,注重节能环保		10分			
综合评价							

任务二　检测集成电路

任务描述

在电子产品中,集成电路起着至关重要的作用,集成电路一旦出现故障将直接影响电子产品的正常工作。因此,集成电路的检测是电子产品生产、维修中不可缺少的环节。在实际中,可用万用表进行检测、判断集成电路的性能。集成电路的基本检测方法可分为在线检测和脱机检测两种。检测时,事先要了解正常时集成块的基本功能,各脚对地电阻和直流工作电压,然后用万用表测量集成块各脚与地之间的电阻和直流电压,并与正常值进行比较,从而发现不正常的部位。如果测得的数据与集成电路资料上数据相符,则可判定集成电路是好的;反之,需进行代换处理。

任务分析

本任务就是通过对集成电路在线检测与脱机检测,学会使用万用表检测集成电路的基本方法,并通过检测判别其性能。

任务实施

学一学 集成电路的检测方法见表9-8。

表 9-8 集成电路的检测方法

检测方法		检测技巧
在线检测	 对集成电路通电,使用万用表的直流电压挡,测量集成电路各引脚对地的电压,将测出的结果与该集成电路参考资料所提供的标准电压值进行比较,从而判断该集成电路是否有问题	测量时应注意: ①IC 引脚电压会受外围元器件影响。当外围元器件发生漏电、短路、开路或变值时,或外围电路连接的是一个阻值可变的电位器,则电位器滑动臂所处的位置不同都会使引脚电压发生变化 ②若 IC 各引脚电压正常,则一般认为 IC 正常,若 IC 部分引脚电压异常,则应从偏离正常值最大处入手,检查外围元件有无故障。若无故障,则 IC 很可能损坏 ③对于动态接收装置(如电视机)在有无信号时,IC 各引脚电压是不同的。如发现引脚电压不该变化的反而变化大,该随信号大小和可调元件不同位置而变化的反而不变化,就可确定 IC 损坏 ④对于多种工作方式的装置(如录像机)在不同工作方式下,IC 各引脚电压也是不同的
脱机检测	用万用表欧姆挡,直接在线路板上测量 IC 各引脚和外围元件的正反向直流电阻值,并与正常数据相比较,来发现和确定故障	
	测正向电阻 	①测量前要先断开电源,以免测试时损坏仪表和元件 ②万用表电阻挡的内部电压不得大于 6 V,量程最好用 R×100 Ω 或 R×1 kΩ 挡 ③测量 IC 引脚参数时,要注意测量条件,如被测机型与 IC 相关电位器的滑动臂位置等,还要考虑外围电路元件的好坏
	测反向电阻 	

续表

检测方法	检测技巧
替换检测法 当集成电路整机线路出现故障时,用替换法来进行集成电路的检测。用一块好的同类型的集成电路进行替代测试	用同型号的集成电路进行替换试验是见效最快的一种检测方法。但是要注意,若因负载短路的原因,使大电流 I 流过集成电路造成的损坏,在没有排除故障短路的情况下,用相同型号的集成电路进行替换实验,其结果是造成集成电路的又一次损坏。因此,替换实验的前提是必须保证负载不短路
	该方法的特点是:直接、见效快,但拆焊麻烦,且易损坏集成电路和线路板

技能训练

做一做

练习测试一块集成电路的正反向电阻,将测试结果填入表 9-9 中。

表 9-9　集成电路检测

管脚序号	1	2	3	4	5	6	7	8	…	画出集成电路示意图,标出管脚序号
正向电阻										
反向电阻										

知识拓展

语音集成电路

电子制作中经常用到音乐集成电路和语言集成电路,一般称为音乐片和语言片。它们一般都是软包封,即芯片直接用黑胶封装在一小块电路板上。语音 IC 一般还需要少量外围元件才能工作,它们可直接焊到这块电路板上。

别看语音 IC 应用电路很简单,但是它确确实实是一片含有成千上万个晶体管芯片的集成电路。其内部含有振荡器、节拍器、音色发生器、ROM、地址计算器及控制输出电路等。音乐片内可存储一首或多首世界名曲,价格很便宜。音乐门铃都是用这种音乐片装的,其成本很低。

不同的语言片内存储了各种动物的叫声、简短语言等,价格要比音乐片贵些。但因为内容有趣,如会说话的计算器、倒车告警器、报时钟表等,其应用越来越多。语音电路尽管品种不少,但不能根据用户随时的要求发出声音,这是因为商品化的语音产品采用掩膜工艺,发声的语音是固定的,使成本得到了控制。

一般语音集成电路的生产厂家都可以定制语音的内容,但因为要掩膜,要求数量千片以上。近年来出现的 OTP 语音电路解决了这一问题。OTP 即一次性可编程,就是厂家生产出来的芯片里面是空的,内容由用户写入(需开发设备),一旦固化好,再也不能擦除,信息也就不会丢失。它的出现为开发人员试制样机提供了方便,特别适合于小批量生产。

攻克 IGBT

学习评价

表 9-10　任务二学习评价表

评价项目	评价权重	评价内容		评分标准	自评	互评	师评
学习态度	20%	出勤与纪律	①出勤情况 ②课堂纪律	10 分			
		学习参与度	团结协作、积极发言、认真讨论	5 分			
		任务完成情况	①技能训练任务 ②其他任务	5 分			
专业理论	30%	集成电路的检测方法	什么是集成电路的在路检测	15 分			
			什么是集成电路的脱机检测	15 分			
专业技能	40%	集成电路的电压检测法	任选一种带有 IC 的电子产品,用万用表检测 IC 的电压并记录测试结果,判断其好坏	20 分			
		集成电路的在线电阻检测法	任选一种带有 IC 的电子产品,用万用表检测 IC 的在线电阻并记录测试结果,判断其好坏	20 分			
职业素养	10%	注重文明、安全、规范操作、善于沟通、爱护财产,注重节能环保		10 分			
综合评价							

【项目技能考核评价标准】

集成电路的识别与检测技能考核评价标准表

姓名		日期		指导教师		
考核评价地点			考核评价时间		1 h	
评价内容、要求、标准						
评价内容	评价要求	配分	评价标准			得　分
集成电路的名称	在电路板或混合元件袋中选出10块常用IC,正确说出并记录集成电路名称	20分	每正确1只给2分			
常用集成电路的引脚图	在规定时间内画出10块集成电路引脚排列图	20分	每正确1只给2分			
集成电路管脚识别	选5块集成电路,分别说出其管脚排列	10分	每正确1只给2分			
集成电路的电压检测法	任选一种带有IC的电子产品,用万用表检测IC的电压,并记录测试结果,判断其好坏	20分	测试与读数方法正确每次给2分			
集成电路的电阻检测法	任选一种带有IC的电子产品,用万用表检测IC的在线电阻,并记录测试结果,判断其好坏	20分	对不同IC的检测,每块IC给2分			
职业素养	注重文明、安全、规范操作,善于沟通、爱护财产,注重节能环保	10分	出现安全事故扣10分。损坏仪表或元器件扣10分,违反操作规程扣5分,缺乏职业意识、无法解决实际问题、超过规定的时间等酌情扣分			

评价结论:

项目十

其他电子元件的识别与检测

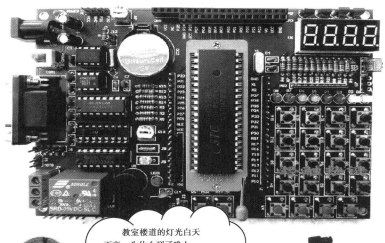

教室楼道的灯光白天不亮，为什么到了晚上，当有说话声、脚步声或其他声响时，灯会自动点亮？还有，从安全角度考虑，当电压过高或电流过大时应如何进行控制？

不积跬步，无以至千里；
不积小流，无以成江海。
——荀子

【知识目标】
● 能描述常用继电器、传感器、开关及电声器件等的作用，并能画出相应符号。
● 能知道常用继电器、传感器、开关及电声器件等的结构。

【技能目标】
● 能识别常用继电器、传感器、开关及电声器件。
● 能用万用表检测判断常用继电器、传感器、开关及电声器件等的好坏。

【素养目标】
● 遵守各种行为规范和安全操作规范，具有良好的组织纪律。
● 认知团队中不同角色和各自的责任，具有担当意识和团结协作意识。

任务一　认识与检测常用继电器

任务描述

在某些生产设备的电路控制板上,有一种元器件称为继电器,它是电器控制的重要元器件,它们的形状各异,用途广泛。继电器的种类较多,外部特征各有不同,只有通过对继电器表面的型号和参数的识别,掌握继电器的检测方法,才能灵活地使用各种继电器,发挥继电器在电路中应有的功能。

任务分析

本任务就是通过观察继电器,学会识别继电器的种类,熟悉常用继电器的名称,了解不同类型继电器的作用,掌握常用继电器的检测方法。

任务实施

继电器几乎是任何控制电路中不可缺少的一种元件,它实质上是一种用小电流来控制大电流的自动开关。

活动一　认识继电器型号命名及继电器种类、符号

记一记　继电器型号命名由 5 个部分构成。其命名规则如下所示:

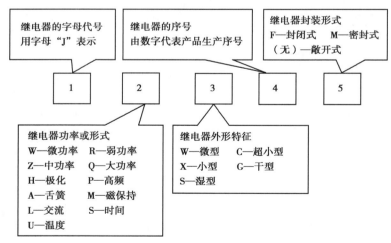

例如,继电器的命名如图 10-1 所示。

读一读　继电器种类很多,按工作原理可分为电磁继电器、时间继电器、温度继电器、固态继电器及舌簧继电器等;按外形尺寸可分为微型继电器、超小型继电器和小型继电器等;按防护特征可分为密封式继电器、封闭式继电器及敞开式继电器等。常用继电器种类及其特点见表 10-1。

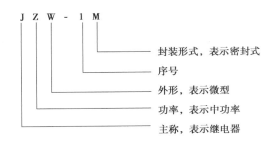

JZW-1M

封装形式，表示密封式

序号

外形，表示微型

功率，表示中功率

主称，表示继电器

图 10-1 继电器的命名例子

表 10-1 常用继电器种类及特点

种 类	名 称	图 示	特 点
常用继电器	电磁继电器		是继电器中使用量最大、价格最便宜的，通用性较强。它是在紧密缠绕的线圈中，设置有可动衔铁，当线圈中有电流通过时，靠电磁铁的引力将衔铁吸起，从而让衔铁带动触点动作或顶起其他件工作
	时间继电器		一种利用电磁原理或机械原理实现延时控制的控制电器。它的种类很多，有空气阻尼型、电动型、电子型及其他型等
	温度继电器		使用最为广泛的产品，起到温度控制和过热保护的作用。当被保护设备达到规定温度的值时，该继电器立即工作达到切断电源保护设备安全的目的。具有体积小、质量轻、控温精度高等特点，通用性极强
	磁保持继电器		近几年发展起来的一种新型继电器，也是一种自动开关。和其他电磁继电器一样，对电路起着自动接通和切断作用
	固态继电器		具有隔离功能的无触点电子开关，在开关过程中无机械接触部件。具有良好的防潮防霉防腐蚀性能，在防爆和防止臭氧污染方面的性能也极佳，具有输入功率小、灵敏度高，控制功率小，电磁兼容性好，噪声低和工作频率高等特点

在电路中表示继电器时,要画出它的线圈和控制电路的有关触点符号。继电器的常用符号见表 10-2 。

表 10-2 继电器常用符号

线圈符号	触点符号	备 注
	J_1	常开触点,称 H 型
J	J_2	常闭触点,称 D 型
	J_3	转换触点,称 Z 型

活动二 继电器参数及性能检测

读一读 选择使用继电器的关键是知道其参数,继电器的主要参数见表 10-3。

表 10-3 继电器的主要参数

参 数	含 义	说 明
额定工作电压	是指继电器正常工作时线圈所需要的电压	不同型号的继电器,可以是交流电压,也可以是直流电压
直流电阻	是指继电器中线圈的直流电阻	通过万用表测量
接触电阻	是指继电器中接点接触后的电阻值	此电阻值一般很小,不易通过万用表测量。对于许多继电器来说,接触电阻无穷大或者不稳定是最大的问题
吸合电流或电压	是指继电器能够产生吸合动作的最小电流或最大电压	继电器正常使用时,给定的电流必须略大于吸合电流,此时,继电器才能正常工作。而对于线圈所加的工作电压,一般也不要超过额定工作电压的 1.5 倍,否则会产生较大的电流而把线圈烧毁
释放电流或电压	是指继电器产生释放动作的最大电流或最大电压	当继电器吸合状态的电流减小到一定程度时,继电器就会恢复到未通电的释放状态。这时的电流远远小于吸合电流
触点切换电压和电流	是指继电器接点允许承载的电压和电流	它决定了继电器能控制的电压和电流大小,使用时不能超过此值,否则很容易损坏继电器的触点

学一学 判断继电器性能的好坏,其检测方法见表 10-4。

表 10-4　继电器性能检测方法

步　骤		方　法	说　明
第一步	准备工作	先对万用表进行量程挡选择,并调零	量程挡选择时可由继电器上所标参数决定
第二步	测触点电阻	用万用表的电阻挡,测量常闭触点与静触点电阻,其阻值应为 0、而常开触点与静触点的阻值就为无穷大	可以区别出哪个是常闭触点,哪个是常开触点
第三步	测线圈电阻	用万用表 R×10 Ω 挡测量继电器线圈的阻值,从而判断该线圈是否存在着开路现象	一般继电器线圈阻值为几十到几百欧,若阻值为无穷大,则判断其线圈存在开路故障
第四步	测量吸合电压和吸合电流	用可调稳压电源给继电器输入一组电压,且在供电回路中串入电流表进行监测。慢慢调高电源电压,听到继电器吸合声时,记下该吸合电压和吸合电流	为求准确,多试几次求平均值
第五步	测量释放电压和释放电流	接着按第四步测量方法进行连接测试,当继电器发生吸合后,再逐渐降低供电电压,当听到继电器再次发生释放声音时,记下此时的电压和电流,也可尝试多几次而取得平均的释放电压和释放电流	一般情况下,继电器的释放电压为吸合电压的 10%~50%,如果释放电压太小(小于 1/10 的吸合电压),则不能正常使用了,这样会对电路的稳定性造成威胁,工作不可靠

技能训练

认一认

对工位上的各种继电器进行直观识别,将识别结果填入表 10-5 中。

表 10-5　各种继电器的识别记录

序号	继电器型号	继电器名称	继电器特点和用途
1			
2			
3			
4			
5			
6			

练一练

用万用表对各种类型的继电器进行测量,将测量结果填入表10-6中。

表 10-6　继电器的测量记录

序　号	继电器名称	继电器线圈测量电阻	继电器线圈额定电压和电流	质量判断结果
1				
2				
3				
4				
5				
6				

做一做

将继电器编号,按要求将结果填入表10-7中。

表 10-7　继电器的标志与字母解释记录

序号	继电器上的字母与数字	继电器标志的文字说明
1		
2		
3		
4		
5		
6		

知识拓展

如何选用继电器

1.先了解必要的条件

①了解控制电路的电源电压,以及能提供的最大电流。

②了解被控制电路中的电压和电流。

③了解被控电路需要几组、什么形式的触点。

选用继电器时,一般控制电路的电源电压可作为选用的依据。控制电路应能给继电器提供足够的工作电流,否则继电器吸合是不稳定的。

2.确定使用条件,选择继电器

查阅有关资料确定使用条件后,可查找相关资料,找出需要的继电器的型号和规格。若手头已有继电器,可依据资料核对是否可以利用。最后考虑尺寸是否合适。

3.注意器具的容积

若是用于一般用电器,除考虑机箱容积外,小型继电器主要考虑电路板安装布局。对于小型电器,如玩具、遥控装置则应选用超小型继电器产品。

学习评价

我国继电器
的发展

表 10-8　任务一学习评价表

评价项目	评价权重	评价内容		评分标准	自评	互评	师评
学习态度	20%	出勤与纪律	①出勤情况 ②课堂纪律	10 分			
		学习参与度	团结协作、积极发言、认真讨论	5 分			
		任务完成情况	①技能训练任务 ②其他任务	5 分			
专业理论	30%	继电器的作用、种类和参数	继电器在电气设备中有什么作用	10 分			
			继电器有哪些种类	10 分			
			继电器的参数有哪些	10 分			
专业技能	40%	能识读继电器的类型及参数	在给定的继电器,识读出参数	20 分			
		能判断继电器性能的好坏	能用万用表准确判断继电器的好坏	20 分			
职业素养	10%	注重文明、安全、规范操作、善于沟通、爱护财产,注重节能环保		10 分			
综合评价							

任务二　识别与检测常用传感器

任务描述

在自动化检测系统中,有一种元件能够实现多物理量的相互转换。这种元器件直接影响系统的正常工作,它就是自动化检测系统中主要元器件——传感器。传感器的种类很多,外部特征各有不同,只有通过对传感器外形特征和参数的识别,才能灵活地使用各种传感器,发挥传感器在电路中应有的功能。

任务分析

本任务就是通过观察常用传感器,学会识别传感器的种类,熟悉常用传感器的名称,了解不同类型传感器的作用,掌握常用传感器的检测方法。

任务实施

半导体传感器是一种新型的半导体器件,它能够实现电、光、温度、声、位移及压力等物理量之间的相互转换,并且易于实现集成化、多功能化,更容易与计算机结合,所以被广泛应用自动化检测系统中。由于实际的被测量大多数是非电量,因此,传感器的主要工作就是将非电信号转换为电信号。

读一读　半导体传感器的种类很多,常用的传感器见表10-9。

表 10-9　常用传感器种类

名　称		图　示	说　明
热敏传感器	铂测温电阻		铂测温电阻是把 $\phi0.05$ mm 左右的高纯度铂缠在绕线管或云母框架上,作为在 $-200\sim+500$ ℃范围的温度测量器。该器件性能极为稳定,但价格较贵
	热电偶		热电偶是温度测量仪表中常用的测温元件,它直接测量温度,并把温度信号转换成热电动势信号,通过电气仪表转换成被测介质的温度

续表

名　　称	图　　示	说　　明
力敏传感器		力敏传感器是利用半导体材料受外力作用发生形变时,使材料电阻率发生变化的半导体器件,它将被测的各种力学量(如压力、速度和流量等)转换成电量
气敏传感器		气敏传感器是一种检测特定气体的传感器。它的应用主要有一氧化碳气体的检测、瓦斯气体的检测、煤气的检测、氟利昂(R_{11},R_{12})的检测、呼气中乙醇的检测、人体口腔口臭的检测等
磁敏传感器		磁敏传感器就是感知磁性物体的存在,包括顺磁材料(铁、钴、镍及其它们的合金),永磁体除外,也可感知通电导线周围的磁场。在汽车应用中,用它来测量发电机转速,实现无接触测量
激光传感器		激光传感器就是利用激光技术进行测量的传感器。它由激光器、激光检测器和测量电路组成。激光传感器是新型测量仪表,它的优点是能实现无接触远距离测量,速度快,精度高,量程大,抗光、电干扰能力强等
霍尔传感器		霍尔传感器是根据霍尔效应制作的一种磁场传感器,广泛地应用于工业自动化技术、检测技术及信息处理等方面。霍尔传感器属于被动型传感器,它要有外加电源才能工作,这一特点使它能检测转速低的运转情况
生物传感器		生物传感器是一种对生物物质敏感并将其浓度转换为电信号进行检测的仪器。生物传感器技术介于信息和生物技术之间,在国民经济中的临床诊断、工业控制、食品和药物分析(包括生物药物研究开发)、环境保护以及生物技术、生物芯片等研究中有着广泛的应用前景

续表

名　称	图　示	说　明
位移传感器		位移传感器是把位移转换为电量的传感器。是一种属于金属感应的线性器件，又称为线性传感器。分为电感式位移传感器，电容式位移传感器，光电式位移传感器，超声波式位移传感器，霍尔式位移传感器等
变频功率传感器		变频功率传感器是通过对输入的电压、电流信号进行交流采样，再将采样值通过电缆、光纤等传输系统与数字量输入二次仪表相连，数字量输入二次仪表对电压、电流的采样值进行运算，可获取电压有效值、电流有效值、基波电压、基波电流、谐波电压、谐波电流、有功功率、基波功率及谐波功率等参数

　　传感器的检测一般都需要使用专用仪器，并且要具备相应的条件，如温度的变化、湿度的变化、某些气体浓度的变化等。在业余条件下，可使用万用表来测量传感器的输入端和输出端的电阻值，进行最简单的判断。例如，各种敏感电阻的检测，详见项目二表 2-8 常用敏感电阻器的检测。

技能训练

　　将工位上的传感器做好序号标记后识读，并按要求填入表 10-10 中。

表 10-10　各种传感器识别记录表

序号	名　称	功能特点
1		
2		
3		
4		
5		

知识拓展

传感器在汽车中的作用

　　传感器是汽车计算机系统的输入装置，它把汽车运行中各种工况信息，如车速、各种介质的温度、发动机运转工况等，转化成电信号输给计算机，以便发动机处于最佳工作状态。车用传感器很多,判断传感器出现的故障时,不应只考虑传感器本身,而应考虑出现故障的整个电路。因此,在查找故障时,除了检查传感器之外,还要检查线束、插接件以及传感器与电控单元之间的有关电路。现代汽车技术发展特征之一就是越来越多的部件采用电子控制。根据传感器的作用,可分为测量温度、压力、流量、位置、气体浓度、速度、光亮度、干湿度及距离等功能的传感器。它们各司其职,一旦某个传感器失灵,对应的装置工作就会不正常甚至不工作。因此,传感器在汽车上的作用是很重要的。汽车传感器过去单纯用于发动机上,现在已扩展到底盘、车身和灯光电气系统上。

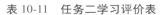

隧道光纤
传感器发明人
姜德生

学习评价

表 10-11　任务二学习评价表

评价项目	评价权重	评价内容		评分标准	自评	互评	师评
学习态度	20%	出勤与纪律	①出勤情况 ②课堂纪律	10分			
		学习参与度	团结协作、积极发言、认真讨论	10分			
		任务完成情况	①技能训练任务 ②其他任务	10分			
专业理论	30%	传感器的作用和种类	传感器在电子设备中有哪些作用	15分			
			常用传感器有哪些种类	15分			
专业技能	40%	能识读传感器类型	在各种混合电子元器件中认出 10 只传感器,并说出它们的作用	30分			
职业素养	10%	注重文明、安全、规范操作、善于沟通、爱护财产,注重节能环保		10分			
综合评价							

任务三　认识与检测常用开关、电声器件等

任务描述

面对各种常见的开关元件以及电声器件,是如何对它们进行分类的? 它们的特点是

177

什么？该如何检测和选用？通过本任务的学习和实践,就会很容易做到这些。

任务分析

　　通过观察各种开关,学会识别开关的种类,熟悉常用开关的名称,了解不同类型开关的作用,掌握各种常用开关的检测方法。

　　通过观察各种电声元件,学会识别电声元件的种类,熟悉常用电声元件的名称,了解不同类型电声元件的作用,掌握各种常用电声元件的检测方法。

任务实施

活动一　识别并检测开关

　　开关在电路中起接通、断开或转换电路连接位置的作用,一般串接在电路中,它是为了方便地在需要接通或者断开电路的地方使用的一种器件。

　　开关的种类很多,按用途可分为电源开关、控制开关、转换开关及行程开关等;按驱动方式,可分为手动和自动两大类;按机械动作的方式,可分为旋转式开关、按动式开关和拨动式开关等。

　　看一看　几种常见的开关见表 10-12。

表 10-12　几种常见的开关

名　称	图　示	说　明
电源开关		此类开关通过的电流较大,工作电压较高,有的具有短路保护功能等较高要求,以保证用电器的正常工作及人身安全,适用于电机控制、机电设备控制等
		此类开关通过电流较小,只要工作电流和电压在允许范围内,即可使用,适用于一般家电、电子仪器仪表等
拨动式开关		又称滑动式开关,此类开关具有多个接触点,以便于改变电路的连接位置,适用于小型家用电器、玩具及小型仪器仪表上

续表

名　　称	图　　示	说　　明
轻触式开关		又称轻触按键,按下为接通,放开后自动断开,主要用于电气设备的面板和键盘,如计算机、遥控器的按键,空调、洗衣机的面板按键等
微动式开关		此类工作方式类似于轻触式开关,主要用于控制电路的检测开关,如微波炉上检测门的状态等
自锁式按键开关		带有锁定装置,按下后接通并锁定,再次按下后断开,解除锁定并弹起。主要用于仪器设备中带锁定功能的按键,如彩色电视机电源开关等
琴键式开关		相当于由多个自锁开关组成,不同的是每个开关之间有互锁机构,一次只能按下一个开关并锁定,按其他开关时,原来的开关自动弹起,如电风扇挡位转换开关等

除了以上常见的开关器件外,还有一些特殊的开关,如水银开关、行程开关、旋转开关及电力系统的特殊开关等。现在有许多新型开关不断涌现,有兴趣的读者可查阅相关资料,在此不再赘述。

在电路中,开关的常用符号见表 10-13。

表 10-13　开关常用电路符号

名　　称	电路符号
单刀单掷开关	
单刀双掷开关	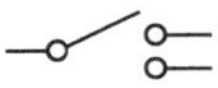
双刀双掷开关	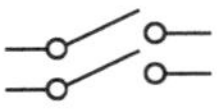
按钮开关	
拨动开关	

学一学 开关的检测的方法见表10-14。

表 10-14　开关的检测方法

步　骤		方　法
第一步	从外观上检查	检查开关外壳是否破损,内部是否有污垢和金属异物,触点的金属片是否断裂或表面氧化发黑
第二步	开关通断检测	用万用表 R×1 Ω 挡测量开关的接触电阻。当开关接通时,动触点和静触点连通,接触电阻小,测量的阻值接近为零;当开关断开时,动触点和静触点完全分开,测量的阻值为无穷大。否则,开关已损坏
第三步	开关质量判断	开关接通时,测量的电阻为零;断开时;电阻无穷大,说明开关质量良好
		开关无论接通或断开,测得的阻值都为无穷大,说明开关开路,已损坏
		开关无论接通或断开,测得的阻值都为零,说明开关短路,已损坏
		开关断开时,阻值为无穷大正常;接通时,阻值不为零或是指针来回摆动,说明开关接触不良,需要简单维修处理
		对于有多个触点的开关,应注意进行通断检测,按前面的方法做出全面的判断

活动二　识别并检测电声器件

电声器件是对声音和电信号两种能量进行相互转换的所有装置的统称,具体可分两类:一类称为扬声器,它是把电信号转换为声音的装置,也称为喇叭,蜂鸣器也属于这类器件;另一类称为拾音器或传声器,它是把声音转换为电信号的装置,俗称话筒或麦克风。

看一看 常见的电声器件见表10-15。

表 10-15　常见电声器件

名　称		电路符号	图　示	说　明
扬声器	常用小型纸盆扬声器	扬声器在电路中一般用 B 或 BL,Y 表示		主要用于收音机、报警装置等普通电器中,价格便宜,用途广泛
	中低音扬声器			主要用于音箱中的中低音重放,价格适中
	号筒式扬声器			采用反射式扩音,音量大,音调高,传输距离远,常用于广播和户外扩音系统

续表

名　称		电路符号	图　示	说　明
蜂鸣器	有源压电蜂鸣器	蜂鸣器在电路中用字母"H"或"HA"表示		内部有振荡电路,加上直流电压后就产生声响,主要用于电子设备的报警、门铃等需要发声的场所
	无源压电蜂鸣器			内部没有振荡电路,需外接振荡驱动电路才能工作,只加直流电压不会发出声响。主要用于电子设备的报警、门铃、贺卡等需要发声的场所
拾音器	普通动圈式话筒	话筒在电路中用字母"MIC"或"BM"表示		又称有线话筒,常用于卡拉OK系统和家庭音响系统中话音的传递
	电容式话筒			常用于录音、会议、演唱等场合,具有较好的频响和较高的灵敏度
	驻极体话筒			具有结构简单、体积小、价格便宜、电声性能好等优点,应用广泛,常用于无线话筒、录音机微型话筒、声控电路等电子产品中
	无线话筒			采用调频技术将声音信号调制到高频载波上,进行远距离传送,通过接收机转换为音频信号,经功放放大后驱动喇叭发出声响。具有传输距离远、不受连接线的制约等优点

学一学

1.扬声器的检测

以动圈式扬声器为例,检测方法见表10-16。

表 10-16　动圈式扬声器检测方法

步　骤		方　法
第一步	从外观上检查	从外表观察扬声器铁架是否生锈,纸盆是否破裂,引线是否断线、脱焊或虚焊,磁体是否开裂、移位
第二步	正、负极性的判断	将万用表置于 50 μA 挡,两表笔分别接在待测扬声器的两只焊片上,用手指轻按扬声器纸盆,此时会有电流产生,观察万用表指针片转动方向。若指针向右偏转,则黑表笔所接的一端为正极;反之为负极
第三步	音圈好坏测试	万用表置于 R×1 Ω 挡,将任意一只表笔固定在扬声器任一接线端上,另一只表笔断续接触另一个接线端,此时扬声器发出"嗒嗒"响声,响声越大越好,无此响声说明扬声器音圈被卡死或音圈损坏
第四步	音圈阻抗测试	接第三步,测量扬声器两接线端之间的直流电阻,正常时应比铭牌扬声器阻抗略小。测量阻值为无穷大,或远大于它的标称阻抗,说明扬声器已经损坏
第五步	声音失真的检测	①纸盆是发声的重要部件,若纸盆破裂,放音时会产生一种"吱吱"声响 ②用手指轻按纸盆,若纸盆难以上下运动,说明线圈被磁钢卡住。其原因有两个:一是扬声器脱落后,磁芯发生偏移;二是纸盆与连着的线圈发生偏移或变形,导致音圈在振动时与磁钢产生相互摩擦,使声音发闷或发不出声音,轻者使声音产生"沙沙"声而失真,重者使音圈松脱或断线

　　动圈式扬声器是使用最广泛的一种,因此,要认真理解和掌握检测的方法和判断质量的标准,具备一定操作经验后,能用于其他扬声器的检测中。

　　2.拾音器的检测

　　以动圈式话筒检测为例,检测时一般采用先外后内的方法进行。其检测方法如下:

　　①从外观结构上检查:检查音头是否受潮,音圈与磁钢间是否相碰。

　　②音圈阻值检测:用万用表 R×100 Ω 挡位,检查音圈阻抗与标称值是否相近,判断音圈引出线是否松动、接触是否良好。

　　③线路通断检测:用万用表检查话筒线路通断情况,重点检查开关有无松动,插头有无脱焊,等等。

技能训练

练一练

①对给定的开关器件进行直观识别与测量,将结果填入表 10-17 中。

表 10-17 各种开关识别与测量记录表

序号	开关器件名称	开关器件的测量电阻	开关器件质量判断结果
1			
2			
3			
4			
5			
6			
7			
8			

②对给定的电声器件进行直观识别与测量,将结果填入表 10-18 中。

表 10-18 电声器件识别与测量记录表

序号	电声器件名称	电声器件测量电阻	电声器件质量判断结果
1			
2			
3			
4			
5			
6			
7			
8			

③对给定的拾音器件进行直观识别与测量,将结果填入表 10-19 中。

表 10-19 拾音器件识别与测量记录表

序号	拾音器件名称	拾音器件测量电阻	拾音器件质量判断结果
1			
2			
3			
4			
5			
6			
7			
8			

知识拓展

扬声器的选用常识

要根据使用的场所和对声音的要求,结合扬声器的特点来选择扬声器。例如,室外以语音为主的广播,可选用电动式号筒扬声器;如要求音质较高,则应选用电动式扬声器。室内一般广播,可选单只电动纸盆扬声器做成的小音箱;而以欣赏音乐为主或用于高质量的会扬扩音,则应选用由高、低音扬声器组合的扬声器音箱等。

在使用扬声器时应注意以下 5 点:

①扬声器得到的功率不要超过它的额定功率,否则将烧毁音圈(见图 10-2),或将音圈振散。电磁式和压电陶瓷式扬声器工作电压不要超过 30 V。

图 10-2　烧毁的音圈

②要正确选择扬声器的型号。如在广场使用,应选用高音扬声器;在室内使用,应选用纸盆式扬声器,并选好助音箱。也可将高、低音扬声器做成扬声器组,以扩展频率响应范围。

③在布置扬声器的时候,要做到声扬匀且有足够的声级,如用单只(点)扬声器不能满足需要,可多点设置,使每一位听众得到几乎相同的声音响度,提高声音的清晰度,并有好的方位感,扬声器安装时应高于地面 3 m 以上,让听众能够"看"到扬声器,并尽量使水平方位的听觉(声源)与视觉(讲话者)要尽量一致,而且两只扬声器之间的距离也不能过大。

④电动号筒式扬声器,必须把音头套在号筒上后才能使用,否则很易损坏发音头。

⑤两个以上的扬声器放在一起使用时,必须注意相位问题。如果是反相,声音将显著削弱。测定扬声器相位的最简单方法利用万用表的 50～250 μA 电流挡,把万用表与扬声器的接线头相连接,双手扶住纸盆,用力推动一下,这时就可从表针的摆动方向来测定它的相位。如相位相同,表针向一个方向摆动。

数学大师

学习评价

表 10-20　任务十学习评价表

评价项目	评价权重	评价内容		评分标准	自评	互评	师评
学习态度	20%	出勤与纪律	①出勤情况 ②课堂纪律	10 分			
		学习参与度	团结协作、积极发言、认真讨论	5 分			
		任务完成情况	①技能训练任务 ②其他任务	5 分			
专业理论	30%	开关、扬声器和拾音器的作用、分类及表示方法	分别说出开关、扬声器、拾音器在电路中的作用	10 分			
			分别说出开关、扬声器和拾音器有哪些种类	10 分			
			分别画出开关、扬声器和拾音器在电路中的表示方法	10 分			
专业技能	40%	能用万用表判断开关的好坏	①万用表使用正确 ②测试方法正确 ③读数准确	10 分			
		能用万用表判断动圈式扬声器的好坏	①万用表使用正确 ②测试方法正确 ③准确判断	15 分			
		能用万用表判断动圈式话筒的好坏	①万用表使用正确 ②测试方法正确 ③准确判断	15 分			
职业素养	10%	注重文明、安全、规范操作、善于沟通、爱护财产,注重节能环保		10 分			
综合评价							

【项目技能考核评价标准】

其他电子元件的识别与检测技能考核评价标准表

姓名		日期		指导教师		
考核评价地点			考核评价时间		2 h	
评价内容、要求、标准						
评价内容	评价要求	配分	评价标准		得　分	
常用继电器的名称及主要参数	找到常用继电器并记录名称及主要参数	10分	任选继电器,指出其名称			
常用继电器的电路符号	会画出继电器符号	10分	画图正确性、规范性			
继电器的质量检测	用万用表检测常用继电器并判别其引脚功能及质量	10分	检测过程熟练			
常用传感器名称及用途	找到常用传感器并记录名称及用途	10分	任选传感器,指出其名称			
常用开关的名称及电路符号	找到常用开关并记录名称,并且会画出开关符号	10分	任选开关,指出其名称画图正确性、规范性			
开关的质量检测及判断	能判断开关的质量	10分	检测过程熟练			
常用电声器件名称及主要参数	找到常用电声器件并记录名称及主要参数	10分	任选电声器件,指出其名称			
常用电声器的电路符号	会画出常用电声器件电路符号	10分	画图正确性、规范性			
电声器的质量检测	用万用表检测常用电声器件质量	10分	检测过程熟练			
职业素养	注重文明、安全、规范操作,善于沟通、爱护财产,注重节能环保	10分	出现安全事故扣10分。损坏仪表或元器件扣10分,违反操作规程扣5分,缺乏职业意识、无法解决实际问题、超过规定的时间等酌情扣分			
评价结论:						

电子元器件识别与检测试题

一、填空题

1.万用表又称_____和_____,指针式万用表有_____调零旋钮和_____调零旋钮,万用表的保险装置为_____。

2.万用表有_____表笔和_____表笔,测量直流电流时,万用表应_____在电路中;测交流电压时,万用表应_____在电路中。

3.在测量三极管放大倍数之前应判断出三极管的_____以及_____、_____和_____。

4.万用表测电阻时,红表笔插入_____,黑表笔插入_____。测量电阻时,应将转换开关置于_____。当万用表使用完毕后,应将转换开关置于_____或_____。

5.指针式万用表表头由_____、_____和_____组成。

6.数字式万用表表笔开路状态和量程选择过小,LCD 显示为_____。

7.10 kΩ =_____Ω =_____MΩ

8.电阻在电路中的主要作用有_____、_____、_____、_____、_____等。

9.电阻在电路中的连接主要有_____、_____和_____。

10.一只电阻上标有 204 字样,则该电阻阻值为_____,其标注方法采用的是_____。

11.一只电阻上标有 R47K 字样,则该电阻阻值为_____,误差为_____,其标注方法采用的是_____。

12.一色环电阻颜色顺序为红黑黑金,则该电阻阻值为_____,误差为_____。

13.电阻器常用的参数标注方法有_____、_____、_____和_____。

14.用指针式万用表检测电阻时,每改变一次量程档都必须重新进行_____。

15.电位器是一种阻值可调的_____,电位器在结构上有三个引出端,其中有两个为_____,一个为_____。

16.贴片电阻器是小型化的电子器件,也叫_____。

17.半导体二极管结具有_____性,_____偏置时导通,_____偏置时截止。

18.半导体二极管 2AP7 是由_____半导体材料制成的,2CZ56 是由_____半导体材料制成的。

19.导电性能介于_____与_____之间的物体叫半导体。

20. 将_____封装起来并加上_____就构成了半导体二极管。

21. I_{om}指二极管正常工作情况下_____允许通过的_____,若超过该值会_____。

22. U_{om}指二极管_____,若超过该值_____。

23. 锗二极管的开启电压为_____,硅二极管的开启电压为_____。

24. 锗二极管的正向导通压降为_____,硅二极管的正向导通压降_____。

25. 从二极管 P 区引出的电极为_____,N 区引出的电极为_____。

26. PN 结正向偏置时_____,反向偏置时_____,这种特性称为 PN 结的_____,但是当硅材料的 PN 结正向偏压小于_____,锗材料的 PN 结正向偏压小于_____时,PN 结仍不导通,我们把这个区域叫_____。

27. 最常用的半导体材料有_____和_____。

28. 有一锗二极管正反向电阻均接近于零,表明二极管_____,又有一硅二极管正反向电阻接近无穷大,表明二极管_____。

29. 硅二极管的正向电阻一般为_____,锗二极管的正向电阻一般为_____。

30. 场效应管简称_____是另一种_____器件。

31. 场效应管在电路中的主要作用有_____、_____、_____、_____等。

32. 场效应管按沟道分可分为_____沟道和_____沟道管,按材料分可分为_____和绝缘栅型管,绝缘栅型又分为_____和_____。

33. 场效应管的具有_____、_____、_____、动态范围大、易于集成、没有二次击穿现象、安全工作区域宽等优点。

34. 场效应管与三极管的区别在于,场效应管是_____器件,三极管是_____器件。

35. 场效应管第一种命名一般以数字_____开头。第二种命名方法是一字母开头,如 CS14A,其中_____代表场效应管。

36. 一个名称为 3DJ6C 的场效应管,它的含义是_____沟道_____型场效应管。

37. 一般来说万用表只能用来检测_____场效应管。

38. 在用万用表检测场效应管时,我们一般选用万用表的_____挡。

39. 场效应管常见的封装形式有_____、_____、_____。

40. 晶闸管是一种_____,也是一种_____器件,它除了有_____,还可以做_____和_____使用。

41. 晶闸管在电路中通常用于_____、_____、_____、_____。

42. 晶闸管主要参数有_____、_____、_____、_____。

43. 通常取晶闸管的断态重复峰值电压 U_{DRM} 和反向重复峰值电压 U_{RRM} 中_____标值作为该器件的额定电压。选用时,额定电压要留有一点裕量,一般取额定电压为正常工作时的晶闸管所承受峰值电压的_____倍。

44. 晶闸管是硅晶体闸流管的简称,常用的有螺栓型与_____两种。

45. 晶闸管的三个电极分别是_____、_____和_____。

46.具有_____作用的电子器件称为电感器,简称_____,它一般由_____构成,故又称为电感线圈。

47.电感线圈分为_____和_____。

48.变压器是一种_____,主要由_____和_____两部分构成。

49.变压器工作时,原副边绕组电压之比等于原副边绕组的_____之比,原副边的电流之比与原副边电压成_____。

50.某电感器上标注字母数字 R68,则该电感器的电感量为_____。

51.一只电感器的阻值为无穷大,则该电感器内部已_____损坏。

52.电感器通断检测常用指针式万用表电阻挡_____,电感器绝缘电阻检测常用指针式万用表电阻挡_____。

53.电感器的主要参数有_____、_____、_____和_____。

54.晶体三极管的主要参数分_____和_____两类。

55.三极管用来放大时,应使发射结处于_____偏置,集电结处于_____偏置。

56.型号为 3CG4D 的三极管是_____功率管。

57.温度升高时,三极管的电流放大系数 β_____,反向饱和电流 I_{CBO}_____,正向结电压 U_{BE}_____。

58.三极管具有电流放大作用的实质是利用_____电流对_____电流的控制。

59.三极管的用途主要有_____、_____、_____、_____、_____等

60.三极管有三个引脚,分别是_____、_____、_____,三极管按结构可以分为_____和_____。

61.继电器实质上是一种_____的自动开关。

62.继电器按工作原理可分为_____、_____、_____、_____等。

63.时间继电器是一种利用_____的控制电器。

64.温度继电器起到_____和_____的作用。

65.继电器的额定工作电压是指_____。

66.不同型号继电器的额定工作电压,可以是_____,也可以是_____。

67.对于许多继电器来说,接触电阻_____或者_____是最大的问题。

68.继电器的释放电流或电压指继电器产生释放动作的_____或_____。

69.继电器的触点切换电压和电流指继电器接点_____的电压和电流。

70.用万用表的电阻挡,测量继电器常闭触点与静触点电阻,其阻值应为_____;而常开触点与静触点的阻值就为_____。

71.常用继电器触点有三种形式,分别为_____、_____和_____。

72.半导体传感器是一种新型的半导体器件,它能够实现_____、_____、_____、_____、_____等物理量之间的相互转换。

73.传感器的主要工作就是将_____转换为_____。

74.铂测温电阻测量温度范围为_____。

75.热电偶它可以直接测量温度,并将_____转换成_____。

76. 力敏传感器是利用＿＿＿＿＿＿＿＿发生形变时,使材料＿＿＿＿＿＿发生变化的半导体器件,它将被测的各种力学量如＿＿＿＿＿、＿＿＿＿＿、＿＿＿＿＿转换成＿＿＿＿＿。

77. 气敏传感器是一种＿＿＿＿＿的传感器。

78. 霍尔传感器属于＿＿＿＿＿,它要有＿＿＿＿＿才能工作,这一特点使它能检测转速低的运转情况。

79. 位移传感器是将＿＿＿＿＿的传感器,又称为＿＿＿＿＿。它分为＿＿＿＿＿、＿＿＿＿＿、＿＿＿＿＿、＿＿＿＿＿、＿＿＿＿＿等。

80. 激光传感器由＿＿＿＿＿、＿＿＿＿＿和＿＿＿＿＿组成。

81. 磁敏传感器在汽车应用中,用它来测量＿＿＿＿＿,实现无接触测量。

82. 开关在电路中起＿＿＿＿＿、＿＿＿＿＿的作用,一般＿＿＿＿＿在电路中。

83. 开关按用途可分为＿＿＿＿＿、＿＿＿＿＿、＿＿＿＿＿和＿＿＿＿＿等。

84. 电源开关通过的＿＿＿＿＿较大,＿＿＿＿＿较高,有的具有＿＿＿＿＿等较高要求,以保证用电器的正常工作及人身安全。

85. 拨动式开关又称＿＿＿＿＿,此类开关具有＿＿＿＿＿,以便于改变电路的连接位置。

86. 轻触式开关按下为＿＿＿＿＿,放开后＿＿＿＿＿。

87. 微动式开关主要用于＿＿＿＿＿开关。

88. 自锁式按键开关带有锁定装置,按下后＿＿＿＿＿,再次按下后断开,解除锁定并弹起。

89. 琴键式开关相当于有多个＿＿＿＿＿组成,不同的是每个开关之间有＿＿＿＿＿,一次只能按下一个开关并锁定,按其他开关时,原来的开关自动弹起。

90. 单刀单掷开关的电路符号的＿＿＿＿＿。

91. 双刀双掷开关的电路符号为＿＿＿＿＿。

92. 开关通断检测用万用表＿＿＿＿＿挡测量开关的接触电阻。

93. 当开关接通时,接触电阻小,测量的阻值＿＿＿＿＿;开关断开时,测量的阻值为＿＿＿＿＿。

94. 开关接通时,测量的电阻为＿＿＿＿＿;断开时,电阻＿＿＿＿＿,说明开关质量良好。

95. 开关无论接通或断开,测得的阻值都为无穷大,说明开关＿＿＿＿＿,表示开关已损坏。

96. 开关无论接通或断开,测得的阻值都为零,说明开关＿＿＿＿＿,表示开关已损坏。

97. 电声器件是对＿＿＿＿＿和＿＿＿＿＿两种能量进行＿＿＿＿＿的所有装置的统称。

98. 扬声器是把＿＿＿＿＿＿＿＿＿的装置。

99. 话筒是把＿＿＿＿＿＿＿＿＿的装置。

100. 扬声器在电路中一般用＿＿＿＿＿、＿＿＿＿＿或＿＿＿＿＿表示。

101. 蜂鸣器在电路中用字母＿＿＿＿＿或＿＿＿＿＿表示,它在电路中的符号为＿＿＿＿＿。

102. 话筒在电路中用字母＿＿＿＿＿或＿＿＿＿＿表示,它在电路中的符号为＿＿＿＿＿。

103. 有源压电蜂鸣器内部有＿＿＿＿＿,加上＿＿＿＿＿后就产生声响。

104. 无源压电蜂鸣器内部_____振荡电路,需外接_____才能工作,只加直流电压_____。

105. 在扬声器正、负极性的判断中,两表笔分别接在待测扬声器的两只焊片上,用手指轻按扬声器纸盆,此时会有电流产生,观察万用表指针片转的方向。若指针向右偏转,则黑表笔所接的一端为_____,反之为负极。

106. 拾音器音圈阻值检测中用万用表_____挡位,检查音圈阻抗与标称值是否相近,判断音圈引出线是否松动、接触不良。

107. _____的导体组成一个电容器。这两个导体称为电容器的两个_____,中间的绝缘材料称为电容器的_____。

108. 电容器一般用字母_____表示。

109. 常用电容器按结构可以分为_____、_____和_____电容器。

110. 电容器按极性分类可分为_____和_____电容。

111. _____的过程称为充电;_____的过程称为放电。

112. 电容的单位是_____,比它小的单位是_____和_____。

113. 电容的单位换算关系:_____。

114. 电容是电容器的固有属性,它只与电容器的_____、_____以及_____有关,而与_____、_____等外部条件无关。

115. 电容器的基本作用是_____和_____。

116. CZJX 是_____。

117. 电容器的主要参数有_____、_____、额定电压、漏电流、_____、损耗因数、温度系数、频率特性等。

118. 标称容量是指_____。

119. _____是指电容器的标称容量与实际容量之间的允许最大偏差范围。

120. _____也称漏电阻,它与电容器的_____成反比。

121. _____也称电容器的耐压值,是指电容器在规定的温度范围内,能够连续正常工作时所能承受的最高电压。

122. 电容器的标注方法有_____、_____、_____还有色标法。

123. 电容色环顺序为:红红黑金,则电容器容量为_____,误差为_____。

124. 数码法:一般是用_____位数字表示电容器的_____。其中前两位数字为_____,第三位数字为_____。

125. 在电容标注上,2n2 表示_____,103 表示_____。

二、选择题

1. 电阻器的主要参数有( )。
   A.材料 　　　　 B.标称阻值 　　　　 C.误差 　　　　 D 额定功率

2. PTC 电阻器的阻值随温度的升高而( )。
   A.增大 　　　　 B.减小 　　　　 C.不变 　　　　 D.不确定

3. 检测压敏电阻器时,万用表应选择的量程挡是( )。

　　A.R×10 Ω　　　　　B.R×100 Ω　　　　　C.R×1 kΩ　　　　　D.R×10 kΩ

4.用万用表检测电阻器阻值的基本步骤是(　　　)。

　　A 选挡　　　　　　B.调零　　　　　　C.测试　　　　　　D.读数

5.一只电位器上标注有 WXD3—13—5W 字样,其中 X 的意思是(　　　)。

　　A.合成碳膜材料　　B.金属膜材料　　　C.复合膜材料　　　D.线绕材料

6.下面万用表是数字式万用表的是(　　　)。

　　A.　　　　　　　　B.　　　　　　　　C.　　　　　　　　D.

7.指针式万用表一般用(　　　)电压的电池。

　　A1.5 V 和 12 V　　B.3 V 和 15 V　　　C.3 V 和 9 V　　　D.1.5 V 和 9 V

8.在万用表表盘上交流电压用(　　　)符号表示。

　　A.−　　　　　　　　B.≈　　　　　　　　C.~　　　　　　　　D.hFE

9.指针式万用表电阻挡位有(　　　)个量程。

　　A.4　　　　　　　　B.5　　　　　　　　C.3　　　　　　　　D.2

10.数字式万用表和指针式万用表比较其最大的优点是(　　　)。

　　A.携带方便　　　　B.直接读出测量数据C.功能齐全　　　　　D.精确度高

11.数字式万用表上 —▷|— 表示(　　　)功能。

　　A.测直流电压　　　B.测交流电压　　　C.检测二极管　　　D.测电阻

12.用指针式万用表测量直流电流,读数时应根据(　　　)刻度线来读数。

　　A.第一条　　　　　B.第二条　　　　　C.第三条　　　　　D.第四条

13.万用表一般可以测量(　　　)电量。

　　A.电阻　　　　　　B.直流电压　　　　C.直流电流　　　　D.交流电压

14.万用表主要由(　　　)部分构成。

　　A.表盘　　　　　　B.转换开关　　　　C.表笔　　　　　　D.测量电路

15.指针式万用表有(　　　)特点。

　　A.体积小、重量轻　　　　　　　　　　B.便于携带、测量准确度高

　　C.能直接读出测量数据　　　　　　　　D.价格便宜

16.指针式万用表直流电流挡有(　　　)量程。

　　A.0~0.05 mA　　　B.0~0.5 mA　　　C.0~5 mA;　　　　D.0~50 mA

17.UT-30D 型数字式万用表的交流电压挡有(　　　)量程。

　　A.0~100 V　　　　B.0~200 V　　　　C.0~500 V　　　　D.0~1 000 V

18.把电动势为 1.5V 的干电池以正向接法直接接到硅二极管两端,则(　　　)。

　　A.电流为零　　　　B.电流基本正常　　C.击穿　　　　　　D.被烧坏

19.二极管两端加正向电压时(　　　)。

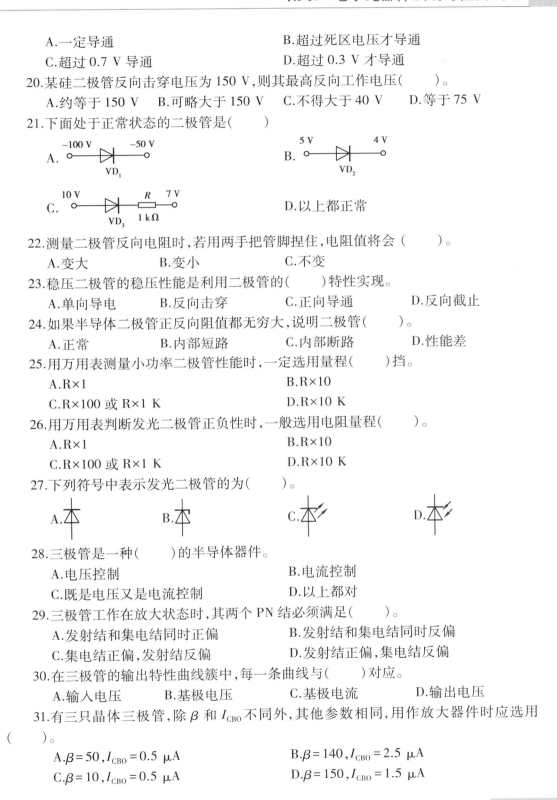

A.一定导通　　　　　　　　　　　　B.超过死区电压才导通

C.超过 0.7 V 导通　　　　　　　　　D.超过 0.3 V 才导通

20.某硅二极管反向击穿电压为 150 V,则其最高反向工作电压(　　　)。

A.约等于 150 V　　B.可略大于 150 V　　C.不得大于 40 V　　D.等于 75 V

21.下面处于正常状态的二极管是(　　　)

A. −100 V ─┤◁├─ −50 V VD₁　　　　B. 5 V ─┤◁├─ 4 V VD₂

C. 10 V ─┤◁├─ *R* 1 kΩ ─ 7 V VD₃　　　　D.以上都正常

22.测量二极管反向电阻时,若用两手把管脚捏住,电阻值将会(　　　)。

A.变大　　　　　　B.变小　　　　　　C.不变

23.稳压二极管的稳压性能是利用二极管的(　　　)特性实现。

A.单向导电　　　B.反向击穿　　　C.正向导通　　　　　D.反向截止

24.如果半导体二极管正反向阻值都无穷大,说明二极管(　　　)。

A.正常　　　　　B.内部短路　　　　C.内部断路　　　　　D.性能差

25.用万用表测量小功率二极管性能时,一定选用量程(　　　)挡。

A.R×1　　　　　　　　　　　　　B.R×10

C.R×100 或 R×1 K　　　　　　　　D.R×10 K

26.用万用表判断发光二极管正负性时,一般选用电阻量程(　　　)。

A.R×1　　　　　　　　　　　　　B.R×10

C.R×100 或 R×1 K　　　　　　　　D.R×10 K

27.下列符号中表示发光二极管的为(　　　)。

A.　　　　　　B.　　　　　　C.　　　　　　D.

28.三极管是一种(　　　)的半导体器件。

A.电压控制　　　　　　　　　　　B.电流控制

C.既是电压又是电流控制　　　　　　D.以上都对

29.三极管工作在放大状态时,其两个 PN 结必须满足(　　　)。

A.发射结和集电结同时正偏　　　　B.发射结和集电结同时反偏

C.集电结正偏,发射结反偏　　　　D.发射结正偏,集电结反偏

30.在三极管的输出特性曲线簇中,每一条曲线与(　　　)对应。

A.输入电压　　　B.基极电压　　　C.基极电流　　　D.输出电压

31.有三只晶体三极管,除 β 和 I_{CBO} 不同外,其他参数相同,用作放大器件时应选用(　　　)。

A.$\beta = 50$,$I_{CBO} = 0.5\ \mu A$　　　　　B.$\beta = 140$,$I_{CBO} = 2.5\ \mu A$

C.$\beta = 10$,$I_{CBO} = 0.5\ \mu A$　　　　　D.$\beta = 150$,$I_{CBO} = 1.5\ \mu A$

32.为了增加放大电路的动态范围,其静态工作点应选择(　　)。

    A.截止点　　　　　　B.饱和点　　　　　　C.交流负载线中点　　D.直流负载线中点

33.若三极管的集电结反偏、发射结正偏,当基极电流减小时,该三极管(　　)。

    A.集电极电流减小　　　　　　　　　B.集电极与发射极电压 U_{CE} 上升

    C.集电极电流增大　　　　　　　　　D.集电极与发射极电压 U_{CE} 不变

34.某三极管的额定功率是 1 W,使用时当该三极管的功率达到 1.1 W 时(　　)。

    A.立即损坏　　　　　　　　　　　　B.不会损坏

    C.长期使用会损坏　　　　　　　　　D.长期使用不会损坏

35.以下解释三极管作用中正确的是(　　)。

    A.单向导通　　　　B.放大　　　　　　C.充放电　　　　　　D.阻流

36.三极管中字母 e 表示(　　)。

    A.发射极　　　　　B.集电极　　　　　C.基极　　　　　　　D.阳极

37.检测三极管的极性选用万用表的(　　)挡位。

    A.电流挡　　　　　B.电压挡　　　　　C.欧姆挡　　　　　　D.交流电压挡

38.在下列选项中代表场效应管的是(　　)。

    A.3DG201　　　　B.3DO5　　　　　C.2N5008　　　　　D.1N4007

39.场效应管的三个极不包括(　　)。

    A.G 极　　　　　　B.S 极　　　　　　C.D 极　　　　　　　D.B 极

40.场效应管的工作原理是(　　)。

    A.电压控制电流　　B.电压控制电压　　C.电流控制电压　　　D.电流控制电流

41.下列标识中(　　)是绝缘栅型场效应管。

    A.3DJ3　　　　　B.3DO3　　　　　C.3DG3　　　　　　D.3DK3

42.下列表述中属于场效应管的主要参数的有(　　)。

    A.跨导　　　　　　B.开启电压　　　　C.最大允许耗散功率D.夹断电压

43.晶闸管的三个电级是(　　)。

    A.b,c,e　　　　　B.g,d,s　　　　　C.g,a,k　　　　　　D.p,n,k

44.晶闸管一旦导通,门极就(　　)控制作用,不论门极触发电流是否还存在,晶闸管都(　　)导通。

    A.失去;停止　　　B.失去;保持　　　C.保持;停止　　　　D.保持;保持

45.下面不能关断晶闸管的方法是(　　)。

    A.去掉阳极所加的正向电压

    B.给阳极施加发向电压

    C.使流过晶闸管的电流降低到接近于零的某一数值以下

    D.去掉外电路注入门极的触发电流

46.绝缘栅双极晶体管的简称是(　　)。

    A.GTO　　　　　B.GTR　　　　　C.IGBT　　　　　D.MOSFET

47.晶闸管被称为(　　)型器件。

A.全控　　　　　　B.不可控　　　　　　C.半控

48.同一晶闸管,维持电流 I_H 与擎住电流 I_L 的数值大小上有 I_L（　　）I_H。

A.大于　　　　　　B.小于　　　　　　C.等于

49.在电力电子电路中,GTR 工作在开关状态,即工作在（　　）和（　　）。

A.截止　　　　　　B.饱和　　　　　　C.放大　　　　　　D.耦合

50.当晶闸管承受反向阳极电压时,不论门极加何种极性触发电压,管子都将工作在
（　　）。

A.导通状态　　　　B.关断状态　　　　C.饱和状态　　　　D.不定

51.晶闸管的触发电路中,触发脉冲的宽度应保证晶闸管可靠导通,对变流器的起动,
双星形带平衡电抗器电路的触发脉冲应宽于（　　）度,三相全控桥式电路应采用（　　）
度或采用相隔（　　）。

A.30　　　　　　　B.45　　　　　　　C.60　　　　　　　D.90

52.电容器型号命名由四部分组成,下面不包含（　　）。

A.第一部分用字母"C"表示主称为电容器

B.第二部分用字母表示电容器的介质材料

C.第三部分用数字或字母表示电容器的类别

D.第四部分用数字或字母表示电容器的类别

53.电容的单位换算关系,下列正确的是（　　）。

A.$1F = 10^4 F = 10^8 F$ 　　　　　　B.$1F = 10^6 \mu F = 10^{12} Pf$

C.$1F = 10^2 F = 10^4 f$ 　　　　　　D.$1F = 10^3 F = 10^6 pF$

54.下列属于直标法的是（　　）。

A.33 μF;400 V　　B.102　　　　　　C.103　　　　　　D.2n2

55.下列属于文字符号法的是（　　）。

A.33 μF;400 V　　B.102　　　　　　C.103　　　　　　D.2n2

56.下列不属于电容器作用的是（　　）。

A.通交流　　　　　B.隔直流　　　　　C.放大　　　　　　D.滤波

57.某电容标注的电容容量是:229,则表示该电容容量为（　　）。

A.$22×10^{-1} = 2.2pF$ 　　　　　　B.$22×10^{-1} = 2.2F$

C.$22×10^9 = 22\,000\,000\,000pF$ 　　D.$229F$

58.在电容表面直接标注容量值时若标为 33n2,则表示电容容量为（　　）。

A.3 300 pF　　　　B.3 300F　　　　　C.33.2nF　　　　　D.332nF

59.某电容标注的电容容量是:223,则表示该电容容量为（　　）。

A.$22×10^{-3} = 0.022pF$ 　　　　　B.$223pF$

C.$22×10^3 = 22\,000F$ 　　　　　　D.$22×10^3 = 22\,000\,pF$

60.某电阻器上标注为 4R7 K,则该电阻值为（　　）。

A.47 K　　　　　　B.4.7 K　　　　　　C.4.7 Ω 　　　　　D.47 Ω

三、判断题

1. 数字式万用表表盘上有机械调零旋钮和欧姆调零旋钮。　　　　　　（　　）

2. 指针式万用表在测量大电阻时要用 9 V 电池。　　　　　　　　　（　　）

3. 万用表在测量前,应水平放置。　　　　　　　　　　　　　　　（　　）

4. 指针式万用表使用前,当指针向左偏转,应将机械调零旋钮向左旋转。（　　）

5. 万用表测电阻时,每次重新测量转换挡位时,没有必须重新进行欧姆调零。（　　）

6. 二极管正向导通时,阻值显示为 400～700 Ω;反向截止时显示"1",表示其阻值为无穷大。　　　　　　　　　　　　　　　　　　　　　　　　　（　　）

7. 指针式万用表测量 2 500 V 以上电压时,应将黑表笔插入 2 500 V 插孔中。（　　）

8. 数字式万用表的数据保持开关的作用是保持 LCD 显示屏上的数字不变化。

（　　）

9. 测交流电压时,表笔不分正负极。　　　　　　　　　　　　　　（　　）

10. 万用表测量元件时,须用右手握住两支表笔,手指可以触及表笔的金属部分和被测元器件。　　　　　　　　　　　　　　　　　　　　　　　　（　　）

11. 晶闸管导通后,移去门极电压,晶闸管是还能继续导通的。　　　（　　）

12. 在实际电路中,采用阳极电压反向或增大回路阻抗等方式,可能使晶闸管由导通变为关断。　　　　　　　　　　　　　　　　　　　　　　　　（　　）

13. 电压驱动型器件的共同特点是:输入电抗低,所需驱动功率小,驱动电路简单,工作频率低。　　　　　　　　　　　　　　　　　　　　　　　　（　　）

14. GTR 与普通的双极结型晶体管基本原理是一样的,但对 GTR 来说,最主要的特性是耐压高,电流大,开关特性好。　　　　　　　　　　　　　　　（　　）

15. 半导体二极管都是硅材料制成的。　　　　　　　　　　　　　（　　）

16. 半导体二极管具有单向导电性。　　　　　　　　　　　　　　（　　）

17. 半导体二极管只要加正向电压就能导通。　　　　　　　　　　（　　）

18. 稳压二极管工作在正向导通状态。　　　　　　　　　　　　　（　　）

19. 利用二极管的正向压降也能起到稳压作用。　　　　　　　　　（　　）

20. 二极管从 P 区引出的极是正极。　　　　　　　　　　　　　　（　　）

21. 二极管加反向电压一定是截止状态。　　　　　　　　　　　　（　　）

22. 二极管代替换用时,硅材料管不能与锗材料管互换。　　　　　（　　）

23. 普通二极管可以替换任何特殊二极管。　　　　　　　　　　　（　　）

24. 为了安全使用二极管,在选用时应通过查阅相关手册了解二极管的主要参数。

（　　）

25. 三极管是无极性的元件。　　　　　　　　　　　　　　　　　（　　）

26. 对三极管电极间的电阻进行测量的六次操作中,若测得有两次的电阻值较小,则这个三极管是完好的。　　　　　　　　　　　　　　　　　　　　（　　）

27. 发射极折断的三极管可以作二极管使用。　　　　　　　　　　（　　）

28. 光电三极管能将光能转换为电能。　　　　　　　　　　　　　（　　）

29.用数字万用表检测贴片三极管与检测普通三极管方法一样。（　　）

30.电容在电路中具有隔断直流电、通过交流电的特点,因此常用于级间耦合、滤波、去耦、旁路及信号调谐等方面。（　　）

31.电容在电路中具有隔断直流电、通过交流电的特点,因此常用于级间耦合、分压、去耦、分流及信号调谐等方面。（　　）

32.用数字万用表直接测量电容的容量时红表笔需要插到标有 CAP 处的插孔。（　　）

33.电容量过大的电容只能通过机械万用表观测其充放电过程定性的检测其好坏。（　　）

34.电容器的耐压是表示电容接入电路后,不被击穿时所能承受的最大直流电压。（　　）

35.常见的电解电容是有极性的电容,接入电路时要分清极性,正极接高电位,负极接低电位。（　　）

36.大容量的电容无特殊情况不需准确测量,可以根据电容的不同容量选择机械表不同的电阻挡根据充电时间定性测量,小容量的用低阻挡,大容量的用高阻挡。（　　）

37.电解电容一般在外壳商标有正负极性若没有则用长短引脚来区分,其中长引脚为正极,短引脚为负极。（　　）

38.反映集成三端稳压器受电网电压变化影响的参数是稳压系数。（　　）

39.反映集成三端稳压器受负载变化影响的参数是稳压系数。（　　）

40.三极管集电极引脚损坏后可当一般的二极管使用。（　　）

四、简答题

1.数字式万用表和指针式万用表分别有哪些特点?

2.机械调零旋钮和欧姆调零旋钮的作用是什么?

3.在测交流电压时,应注意哪些事项?

4.指针式万用表由哪几部分构成?

5.数字式由哪几部分构成?

6.指针式万用表在使用前,应做好哪些准备工作?

7.用数字式万用表测交流电压的步骤?

8.用数字式万用表测量三极管的放大倍数之前,应先做哪些工作?

9.如何用数字式万用表来判断二极管的好坏以及极性?

10.数字式万用表和指针式万用表在结构上的区别是什么?

11.电位器的检测有哪些注意事项?

12.电感器的参数标注方法有哪些?

13.如何用万用表检测电感器的绝缘性能?

14.如何用万用表分辨硅二极管和锗二极管?

15.如何用万用表判断二极管好坏及正负极?

16.如何用万用表判断稳压二极管?

17.电子元器件的主要参数有哪几项？

18.有甲、乙、丙三个二极管,它们的正反向电阻大小分别为:甲.240 Ω、10 MΩ;乙.100 Ω、100 kΩ;丙.100 Ω、150 Ω。请问这三个管子的质量如何？ 哪个管子是锗管？

19.如何用万用表判别 PNP 型三极管的基极？

20.如何用万用表判别 PNP 型三极管的基极？

21.如何用万用表判别三极管的好坏？

22.电容器的作用有哪些？

23.电容器怎么分类？

24.电容器的主要参数有哪些？

25.电容器标称容量的含义是什么？

26.电容器允许偏差的含义是什么？

27.电容器参数额定电压是指什么？

28.电容器参数绝缘电阻的含义是什么？

29.电容器参数漏电流的含义是什么？

30.电容器的标注方法有哪些？

31.简述万用表检测电容器的步骤。

32.电容器脱离电路时怎样检测？

33.简述电容器在线路上直接检测的方法。

34.简述电容器在线路上通电状态时检测的方法。

35.场效应管的检测有哪些注意事项？

36.如何选择场效应管？

37.晶闸管主要有哪几种派生器件？

38.说明晶闸管型号规格 KP200-7E 代表的意义。

39.晶闸管的导通条件是什么？ 导通后门拆除门极信号对晶闸管是否有影响？ 导通后流过晶闸管的电流取决于什么？ 导通后负载上的电压等于什么？ 晶闸管的关断条件是什么？ 关断后阳极和阴极两端的电压取决于什么？

五、综合题

1.根据下列图形指出万用表类型名称。

2.说出各类型万用表的基本特点,并填入下表。

类　型	特　点
MF47 指针式万用表	
数字式万用表	
指针 500 型万用表	
台式万用表	
数字钳式万用表	

3.当指针式万用表测量电阻,转换开关置于 R×10 挡时,根据下图读出测量数据。

4.当指针式万用表测量直流电流,转换开关置于 500 mA 挡时,根据下图读出测量数据。

5.当指针式万用表测量交流电压,转换开关置于 250 V 挡时,根据下图读出测量数据。

6.当指针式万用表测量直流电压,转换开关置于 10 V 挡时,根据下图读出测量数据。

7.说出工作台上的 MF47 指针式万用表的各部分结构以及各结构的作用,填入下表。

序号	结　　构	作　　用
1		
2		
3		
4		
5		
6		
7		
8		

8.选择 5 只电阻,用指针式万用表进行测量,结果填入下表。

电阻测量	R_1	R_2	R_3	R_4	R_5
所选量程					
读数值/Ω					

9.用指针式万用表测量 1.5 V 干电池,24 V 蓄电池以及手机电池的电压,将结果填入下表。

电阻测量	干电池	蓄电池	手机电池
所选量程			
读数值/V			

10.用指针式万用表测量日光灯电源电压,三相交流电动机电源电压,将结果填入下表。

电阻测量	日光灯电源电压	三相交流电动机电源电压
所选量程		
读数值/V		

11.说出工作台上 UT-30 数字式万用表的结构以及各结构的作用,并填入下表。

序号	结 构	作 用
1		
2		
3		
4		
5		
6		
7		
8		
9		

12.选择 5 只电阻,用数字式万用表进行测量,结果填入下表。

电阻测量	R_1	R_2	R_3	R_4	R_5
所选量程					
读数值/Ω					

13.用数字式万用表测量 1.5 V 干电池,24 V 蓄电池以及手机电池的电压,将结果填入下表。

电阻测量	干电池	蓄电池	手机电池
所选量程			
读数值/V			

14.用数字式万用表测量日光灯电源电压,三相交流电动机电源电压,将结果填入下表。

电阻测量	日光灯电源电压	三相交流电动机电源电压
所选量程		
读数值/V		

15.根据下表给定的条件将表中的内容填写完整。

已知电阻器色环写出其阻值和误差			已知电阻器阻值和误差写出色环颜色顺序		
色环顺序	阻值	误差	阻值和误差	四色环	五色环
棕黑黄金			1 Ω±2%		
红紫黑			200 Ω±10%		
棕黑黑红银			390 kΩ±1%		
红黑棕红			5.1 Ω±0.5%		
黄紫黑红绿			15 Ω±2%		
红紫棕金			20 kΩ±5%		
棕黑红蓝			330 Ω±0.25%		
棕红黑红蓝			10 kΩ±10%		
黄紫黑绿金			1 MΩ±2%		
红红棕银			120 kΩ±5%		

16.在检修电子产品时发现有一只 220 Ω 的电阻器被烧坏,现在手边只有 100 Ω、27 Ω、10 Ω、33 Ω 等电阻器若干,你将如何处理,试说出解决方案。

17.根据电感器实物图形指出电感器种类。

电感器实物	电感器种类	电感器实物	电感器种类

18.练一练　写出下列电容器的容量。

（1）2P2 表示＿＿＿＿＿＿＿＿

（2）6n8 表示＿＿＿＿＿＿＿＿

（3）101 表示＿＿＿＿＿＿＿＿

（4）102 表示＿＿＿＿＿＿＿＿

（5）103 表示＿＿＿＿＿＿＿＿

（6）P33 表示＿＿＿＿＿＿＿＿

（7）10n 表示＿＿＿＿＿＿＿＿

（8）220 表示＿＿＿＿＿＿＿＿

19.标出下列各图中三极管的管脚。（用字母标,并在最后写出各字母表示的中文名称）

20.请画出 PNP 型三极管的元件符号,并用字母代号标出三个管脚。

21.测试场效应管时根据要求填写下面表格。

操作内容		具体方法
场效应管的电极判断	选挡	
	调零	
	测试	

参考文献

［1］蒋志侨.电子元器件识别与检测［M］.重庆:西南师范大学出版社,2010.

［2］王成安.电子元器件识别与检测［M］.北京:人民邮电出版社,2010.

［3］韩广兴.电子元器件识别检测与焊接［M］.北京:电子工业出版社,2007.

［4］聂广林,赵争召.电工技术基础与技能［M］.重庆:重庆大学出版社,2010.